ESTUDIO DE MANTENIMIENTO PREDICTIVO EN UN BUQUE DE GUERRA DOTADO DE S.I.C.P.

CAPÍTULO	PÁGINA
1. MEMORIA:	4
1.1. Memoria descriptiva:	4
1.1.1. Título del trabajo.	4
1.1.2. Descripción general.	4
1.1.3. Objetivos del trabajo.	4
1.1.4. Descripción general del sistema.	4
1.2. Proyecto.	5
1.3. Documentos de referencia:	6
1.3.1. Estándares.	6
1.3.2. Normativa sobre vibraciones.	7
2. ANÁLISIS DE VIBRACIONES:	13
2.1. Filosofías de mantenimiento:	13
2.1.1. Mantenimiento correctivo.	13
2.1.2. Mantenimiento preventivo.	13
2.1.3. Mantenimiento predictivo, basado en la condición o por síntomas.	15
2.2. Introducción a la elección de equipos	17
2.3. Política actual de mantenimiento en buques de guerra:	18
2.3.1. Reliability centered maintenance (RCM).	19
2.4. Criterios de selección.	19
2.5. Coste.	20
2.6. Selección de las técnicas a aplicar.	20
2.7. Introducción a las técnicas predictivas:	20
2.7.1. Análisis de vibraciones.	21
2.7.2. Sistema de medición de vibraciones.	24
2.7.3. Transformada discreta y transformada rápida de Fourier.	25
3. ANÁLISIS ESPECTRAL:	27
3.1. Frecuencia.	27

ESTUDIO DE MANTENIMIENTO PREDICTIVO EN UN BUQUE DE GUERRA DOTADO DE S.I.C.P.

3.2.	Periodo.	27
3.3.	Amplitud.	28
3.4.	Fuerza centrífuga.	30
3.5.	Comportamiento frecuencial de aceleración, velocidad y desplazamiento.	31
3.6.	Nivel global de vibración:	33
3.6.1.	Términos básicos.	33
3.6.2.	Resonancias.	34
3.6.3.	Puntos de medida, Lecturas, Equipos y Rutas.	35
3.6.4.	La cadena de medida.	45
3.7.	Severidad de vibración.	46
3.8.	Espectros.	46
CASOS PRÁCTICOS DE INTERPRETACIÓN DE ESPECTROS:		38
3.8.1.	Desequilibrio estático o dinámico.	52
3.8.2.	Grupo desalineado.	53
3.8.3.	Motobomba desalineada.	54
3.8.4.	Fijación bancada floja (I).	55
3.8.5.	Apriete de bancada in situ (I).	56
3.8.6.	Fijación bancada floja (II).	57
3.8.7.	Apriete de bancada in situ (II).	58
3.8.8.	Rodamiento dañado (I).	59
3.8.9.	Rodamiento dañado (II).	60
3.8.10.	Rodamiento dañado (III).	61
3.8.11.	Rozamiento.	62
3.9.	Equipos SMS utilizados.	63
3.10.	Componentes hardware en la base de la escuadrilla.	68
3.11.	Opciones para el análisis de máquinas alternativas.	69
3.12.	Arquitectura software:	71
3.12.1.	Software Rbmware.	71
3.12.2.	Funciones de mantenimiento del SICP.	72
4.	APLICACIÓN DE LAS TÉCNICAS DE ALINEACIÓN LASER A FRAGATAS.	74
5.	PRESUPUESTO:	82

5.1.	Formación y adiestramiento.	82
5.2.	**Estimación del coste y plan de implantación del sistema:**	86
5.2.1.	Presupuesto para la adquisición de Hardware y Software.	86
5.2.2.	Presupuesto del desarrollo de Interface con el SICP.	89
5.2.3.	Presupuesto para formación y adiestramiento del personal.	89
5.2.4.	Presupuesto para implantación del sistema.	89
5.2.5.	Presupuesto estimado para la adquisición e implantación del SMS.	90
5.3.	Conclusiones.	91
5.4.	Siglas y abreviaturas.	96
6.	BIBLIOGRAFÍA.	97

ESTUDIO DE MANTENIMIENTO PREDICTIVO EN UN BUQUE DE GUERRA DOTADO DE S.I.C.P.

1. MEMORIA

1.1. MEMORIA DESCRIPTIVA

1.1.1. TÍTULO DEL TRABAJO

"Estudio de vibraciones en cámara de máquinas de fragatas dotadas de sistema S.I.C.P ".

1.1.2. DESCRIPCIÓN GENERAL

El objetivo de este trabajo es la realización de un estudio de viabilidad de posibles alternativas para el desarrollo y puesta en marcha de un "Sistema de Mantenimiento por Síntomas o Basado en la Condición", es decir, basado en el análisis de los síntomas que presente el equipo y no basado en una periodicidad preestablecida.

En este trabajo, la designación del sistema que se pretende desarrollar será "SISTEMA DE MANTENIMIENTO POR SÍNTOMAS (SMS)", también conocido como "sistema de mantenimiento predictivo" o "sistema de mantenimiento según condición". En algunos documentos a los que se hace referencia aparece con la denominación CBMS ó SMBC.

En este proyecto la designación del Sistema Integrado de Control de la Plataforma será SICP, de acuerdo a sus siglas en castellano.

1.1.3. OBJETIVOS DEL TRABAJO

Los objetivos de este trabajo son:
- Efectuar un análisis de las herramientas hardware y software específicas de mantenimiento predictivo disponibles en el mercado.
- Seleccionar una serie de equipos de una fragata dotada de sistema S.I.C.P. susceptibles de la aplicación de técnicas de mantenimiento por síntomas.

- Definición de la estrategia a seguir para la implantación de un Sistema de Mantenimiento por Síntomas en las fragatas.

1.1.4. DESCRIPCIÓN GENERAL DEL SISTEMA

El SMS es un sistema que tiene por objetivo proporcionar diagnóstico en línea y la posibilidad de mantenimiento basado en la predicción, en función de la tendencia de una serie de parámetros monitorizados, del buque en cuestión. El registro de los parámetros puede ser "on line" u "off line".

El SMS comprende el equipo y el software utilizado para monitorizar y proporcionar diagnóstico basado en la condición de funcionamiento de los equipos seleccionados, con objeto de soportar un Mantenimiento por Síntomas al proporcionar los datos necesarios para planificar el mantenimiento.

El Sistema de Mantenimiento por Síntomas (SMS) ha de integrarse en el buque como un subsistema del Sistema Integrado de Control de la Plataforma (SICP), suministrado por *Sistemas de Control*, que es un sistema integrado de adquisición y proceso de señales, dotado de una red de alta capacidad de fibra óptica y consolas de operador basadas en PC PENTIUM con pantallas en color.

1.2. PROYECTO

Analizar las herramientas hardware y software específicas de Mantenimiento Predictivo disponibles en el mercado. El procedimiento seguido para ello ha sido:

1.- Se ha realizado una selección inicial de equipos con objeto de conocer las técnicas y el equipamiento utilizados actualmente.

2.- A partir del conocimiento del equipamiento y software específico disponibles en el mercado y de las características del SICP y las funcionalidades disponibles en el mismo, así como de las necesidades de mantenimiento de los diferentes equipos del buque, se procede en la segunda parte del trabajo a definir las distintas filosofías de Mantenimiento y a seleccionar los equipos de la fragata a los que sería aplicable este tipo de mantenimiento.

3.- Como consecuencia del punto anterior, y teniendo en cuenta que la parte más importante de este trabajo corresponde al análisis de vibraciones, a continuación se definen los fundamentos del citado análisis y se hace un estudio de unos espectros recogidos, con la finalidad de poder detectar en ellos un mal funcionamiento (identificando posibles desequilibrios, desalineaciones, rozamientos...), estableciendo una propuesta de sistema SMS que sustituya a los sistemas tradicionales (como puede ser la alineación por técnicas láser).

4.- En el penúltimo apartado se analiza un caso concreto de avería real, y se estudia una alternativa predictiva que hubiera podido usarse para rectificar el problema.

5.- Por último, se presenta una estimación del coste para la implantación del sistema SMS en una fragata, y a continuación se relacionan las conclusiones y las recomendaciones.

1.3. DOCUMENTOS DE REFERENCIA

1.3.1. ESTÁNDARES

Se utilizan como referencia:

- PECAL-110 (AQAP-110) Publicación Española de Calidad. Requisitos OTAN de Aseguramiento de la Calidad para el Diseño/Desarrollo y Producción. (2ª Edición, Febrero 1995). Ministerio de Defensa. Dirección General de Armamento y Material.
- SSMCE-971786-1L Propuesta de Metodología para el Desarrollo del Sistema Integrado de Control de la Plataforma. (1ª Edición, 27/11/97).Armada Española.

1.3.2. NORMATIVA SOBRE VIBRACIONES:

A.- CLASIFICACION DE NORMAS NACIONALES, INTERNACIONALES Y GUÍAS DE APLICACIÓN:

Atendiendo al ámbito de aplicación podemos distinguir los siguientes tipos de normas:

1. **Normas Nacionales (UNE 20-180-86).** Esta norma debería ser la más utilizada para determinar la severidad de la vibración, aunque se considera más como recomendación que como mandato legal.

2. **Normas Internacionales (ISO).** Se considera de máxima prioridad en transacciones internacionales, siendo en la práctica el punto de partida para valorar la severidad de vibraciones. El principal inconveniente que presenta dicha norma es su carácter general.

3. **Recomendaciones y guías de los fabricantes.** Son recomendaciones de los fabricantes sobre los niveles de vibración permisibles por sus equipos. En la actualidad se limitan al área de la turbomaquinaria, aunque hay una gran tendencia a exigir este tipo de información al fabricante cada vez que se adquiere un equipo crítico.

B.- NORMAS SOBRE LOS APARATOS Y SENSORES DE MEDIDA:

Estas normas se refieren a las características de los analizadores de vibraciones y sensores; y engloban aspectos muy diversos como calibración, pruebas de seguridad, agitación y de temperatura etc... Asimismo hay que cuidar el aspecto de los sensores, particularmente si se piensa utilizar el aparato en zonas de fábrica potencialmente explosivas (aparato y sensor intrínsecamente seguros). Algunas de las normas más habituales que suelen cumplir los aparatos y sensores de medida pueden ser: IEC, MIL y CISPR.

Entre las normas nacionales (UNE) que hacen referencia a estos aspectos destacamos las siguientes:

- 21 328 75 (1) "CARACTERISTICAS RELATIVAS A LOS TRANSDUCTORES ELECTROMECÁNICOS DESTINADOS A LA MEDIDA DE CHOQUES Y VIBRACIONES".
- 21 328 75 (2) "CLASES DE CAPTADORES DE VIBRACIONES Y ELEMENTOS SENSIBLES EMPLEADOS EN ESTOS CAPTADORES".
- 95 010 86 " VIBRACIONES Y CHOQUES TERMINOLOGÍA".

Un gran número de aparatos de medición de vibraciones no cumplen ninguna norma internacional. Generalmente se confía en el renombre de ciertas marcas como garantía suficiente. Sin embargo, el cumplimiento de las normas de aparatos puede ser punto de conflicto en los peritajes.

C. NORMAS Y GUÍAS DE SEVERIDAD DE VIBRACIONES:

Se trata de unas normativas de carácter general, aplicables a todas las máquinas. Algunas de las normativas pertenecientes a este grupo son: Norma ISO 3945, Norma ISO 2372, también denominada VDI 2056 y BS 4675, Carta de T.C. RATHBONE y normativas comerciales.

Las normas de severidad de vibraciones de maquinaria se basaban en dos parámetros de vibración: amplitud y frecuencia. A continuación voy a comentar dos de ellas: la carta de Rathbone y la Norma ISO 2372.

1- CARTA DE RATHBONE

Es la primera guía (no norma) de amplia aceptación en el ámbito industrial. Fue desarrollada en los años treinta y perfeccionada posteriormente. La Carta dispone de dos escalas logarítmicas: frecuencial en hercios y de amplitudes en desplazamiento (Pico), mediante las cuales podremos determinar directamente la severidad de la vibración.

Las principales limitaciones de dicha carta de severidad de vibraciones son las siguientes:

1. La carta no tiene en cuenta el tipo de máquina, la potencia y la rigidez de los anclajes.
2. La carta es aplicable solamente a los equipos rotativos y no alternativos u otros sistemas industriales.
3. Cuanto mayor es la frecuencia, la amplitud de vibración en desplazamiento tiene que ser menor para que se conserve la misma severidad, es decir, si un equipo vibra a 300 CPM con 100 micras P-P, la severidad es "buena", pero si la misma amplitud corresponde a una frecuencia de 4.000 CPM, entonces la severidad es "muy severa". La vibración a baja frecuencia es menos peligrosa, que la vibración a alta frecuencia, de ahí que las averías de engranajes y rodamientos, que se producen generalmente a alta frecuencia, son muy peligrosas. Esta es el motivo por el que las amplitudes de baja frecuencia se miden en desplazamientos y las de alta frecuencia, en velocidad o aceleración. La carta de Rathbone fue creada para máquinas de bajas RPM y hoy se considera obsoleta.

2.- NORMA ISO 2372.

La normalización internacional (INTERNATIONAL STANDARD ORGANIZATION) sobre la severidad de vibraciones de máquinas tiene una extensa gama de normas, entre las cuales se destacan:

ISO 2372-1974. VIBRACION MECANICA DE MAQUINAS CON VELOCIDADES DE OPERACIONES ENTRE 100 Y 200 REVS/S. BASES PARA LA ESPECIFICACION DE ESTANDARES DE EVALUACION.

Las características más relevantes de la norma ISO 2372 son:

ESTUDIO DE MANTENIMIENTO PREDICTIVO EN UN BUQUE DE GUERRA DOTADO DE S.I.C.P.

- Es aplicable a los equipos rotativos cuyo rango de velocidades de giro está entre 600 y 12.000 RPM

- Los datos que se requieren para su aplicación son el nivel global de vibración en velocidad - valor eficaz RMS, en un rango de frecuencia entre 10 y 1.000 HZ, distinguiendo varias clases de equipos rotativos:

CLASE I - Equipos pequeños hasta 15 Kw.

CLASE II - Equipos medios, de 15 a 75 Kw o hasta 300 Kw con cimentación especial.

CLASE III - Equipos grandes, por encima de 75 Kw con cimentación rígida o de 300 Kw con cimentación especial.

CLASE IV - Turbomaquinaria (equipos con RPM > velocidad crítica).

Para utilizar la norma ISO 2372, basta con clasificar la máquina en estudio dentro la clase correspondiente y una vez obtenido el valor global de vibración entre 600 y 60.000 CPM localizar en la tabla la zona en la que se encuentra (A-Buena, B-Satisfactoria, C-Insatisfactoria y D-Inaceptable).

ESTUDIO DE MANTENIMIENTO PREDICTIVO EN UN BUQUE DE GUERRA DOTADO DE S.I.C.P.

GAMAS DE SEVERIDAD VIBRATORIA		EJEMPLOS DE APRECIACION DE LA CALIDAD PARA GRUPOS PARTICULARES DE MAQUINAS			
GAMA	Velocidad cuadrática media en mm/s en los límites de la gama (RMS)	GRUPO I	GRUPO II	GRUPO III	GRUPO IV
0,28	0,28	A	A		
0,45	0,45			A	
0,71	0,71				
1,12	1,12	B			A
1,80	1,80		B		
2,80	2,80	C		B	
4,50	4,50		C		B
7,10	7,10			C	
11,2	11,2	D			C
18	18		D		
28	28			D	
45	45				D
71					

A - Bueno, B - Satisfactorio, C - Insatisfactorio, D - Inaceptable

En la figura siguiente se muestra, en velocidad de pico de la vibración (mm/seg), el nivel superior de alarma, es decir, el que indica unos valores de vibración inadmisibles, de distintas normativas de este grupo.

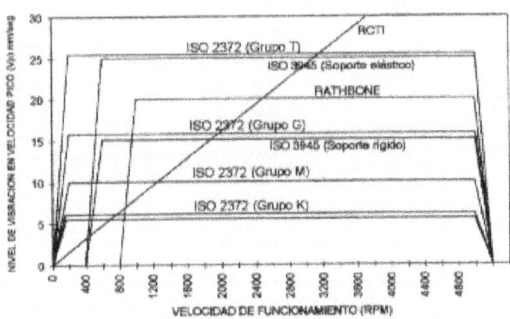

En las figuras 5.18, 5.19 y 5.20 se muestra, en velocidad de pico de la vibración, el nivel superior de alarma de distintas normativas, para motores eléctricos, bombas centrífugas turbinas de vapor, respectivamente.

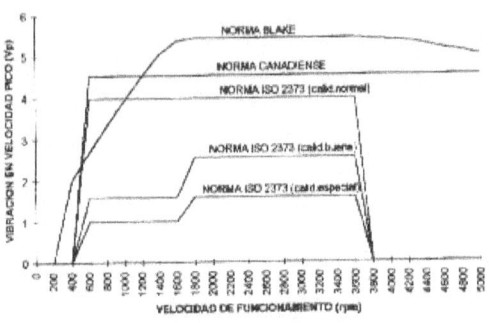

Figura 5.18. Distintas normativas sobre severidad de la vibración en motores eléctricos.

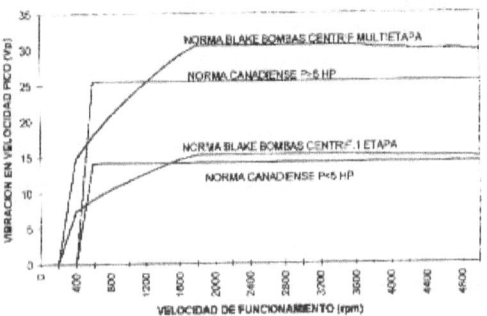

Figura 5.19. Distintas normativas sobre severidad de la vibración en bombas centrífugas.

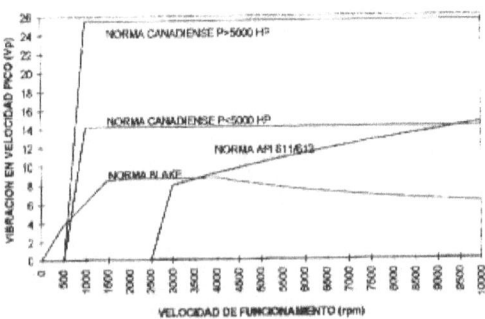

Figura 5.20. Distintas normativas sobre severidad de la vibración en turbinas de vapor.

ESTUDIO DE MANTENIMIENTO PREDICTIVO EN UN BUQUE DE GUERRA DOTADO DE S.I.C.P.

2.1 FILOSOFÍAS DE MANTENIMIENTO

En este punto se describen las filosofías de mantenimiento que actualmente se están aplicando a los buques de guerra, describiéndose igualmente cuál es la política de mantenimiento que podría imponerse en las nuevas construcciones de buques dotados de S.I.C.P.

2.1.1 MANTENIMIENTO CORRECTIVO

Esta estrategia de mantenimiento consiste en la realización de las acciones de mantenimiento que restauran la capacidad operativa de un equipo cuando se ha producido un fallo o mal función no programado. Este mantenimiento puede ser programado, esto es, diferido para formar parte de una "Inmovilización Programada" del buque cuando el impacto del fallo es mínimo y la función del sistema no está afectada o es aceptable; o no programado, cuando la reparación es obligatoria y debe ser realizado inmediatamente para retornar el sistema a su condición de operación normal.

El mantenimiento correctivo es de naturaleza puramente reactiva y se aplica únicamente a sistemas que ya han fallado de una manera u otra. La reducción a un mínimo del mantenimiento correctivo, eliminando los fallos no programados de los componentes o sistemas, es el objetivo de las dos siguientes estrategias de mantenimiento.

2.1.2 MANTENIMIENTO PREVENTIVO

Esta estrategia de mantenimiento consiste en la realización de tareas de inspección y mantenimiento que han sido programadas (por ejemplo, planificadas para su realización con una periodicidad fija basada en tiempo de calendario u horas de operación) con el objeto de reducir la probabilidad de ocurrencia de un modo de fallo.

Esta es la más extendida de las estrategias de mantenimiento debido a que se aplica desde hace bastante años y es bien conocida. El beneficio principal del mantenimiento preventivo es que suministra el primer nivel de control de los costes de mantenimiento más allá de la estrategia de mantenimiento correctivo. Ciertos estudios han mostrado que un programa bien establecido de mantenimiento preventivo puede ahorrar alrededor de un 30% de los costes de mantenimiento respecto a un programa de mantenimiento correctivo puro. Sin embargo, un programa de mantenimiento que siga estrictamente el concepto de mantenimiento preventivo a tiempo fijo lleva consigo una serie de riesgos:

a) La elección de la periodicidad de las acciones de mantenimiento a tiempo fijo puede no tener una sólida base estadística.

b) La periodicidad puede ser demasiado conservadora, con lo cual se produciría un mantenimiento excesivo con el coste que ello conlleva.

c) La periodicidad fijada sea mayor que el Tiempo Medio entre Fallos (MTBF) del equipo/sistema, con lo cual se producirían fallos no planificados del equipo con el consiguiente coste asociado.

d) Puede no existir una relación clara entre la edad del equipo y su fiabilidad con lo cual puede ser imposible determinar una periodicidad adecuada que nos reduzca la probabilidad de fallo.

Existen cuatro categorías básicas de mantenimiento relacionadas con el Mantenimiento Preventivo:

a) **Mantenimiento a Tiempo Fijo**. Acciones de mantenimiento diseñadas para prevenir o retardar los modos de fallo del componente o sistema y cuya periodicidad está únicamente basada en un tiempo fijo, sin tener en cuenta otras variables. Esta periodicidad puede estar basada en días de calendario, horas de operación, ciclos de una función específica (como los disparos de un cañón), u otras medidas de tiempo. Normalmente requiere cierta intrusión en el equipo, tal como el desmontaje o reemplazo de un componente. Ejemplo: limpiar el filtro de aceite cada mes.

b) **Mantenimiento "On-Condition"**. Acciones de mantenimiento que están basadas en la idea de que ciertos modos de fallo no pueden ser prevenidos, pero que existe una reducción de los mismos que se puede detectar de la resistencia al fallo, y puede ser definida por una norma. Si se realiza una medida con la suficiente antelación respecto al fallo funcional, es posible realizar la acción apropiada que evite el fallo. Esta norma define el fallo potencial. La condición del componente o sistema (salida, apariencia, presencia de fugas, presión diferencial, temperatura, etc) es comparada con la norma establecida. Cuando el componente o sistema excede de los criterios establecidos en la norma, se produce una condición insatisfactoria y se realizará una acción correctiva para asegurar que el componente o sistema continúe con su operación normal. Ejemplo: Limpiar el filtro de aceite cuando la presión diferencial a través del filtro sea mayor de 10 psi.

c) **Mantenimiento de Búsqueda de Fallos**. Inspecciones o pruebas periódicas basadas en la idea de que los fallos funcionales no son siempre visibles para el operador, y esos fallos "ocultos" deben ser detectados por una acción de mantenimiento antes de que esas funciones sean utilizadas. Estas acciones de mantenimiento están basadas normalmente en el tiempo, pero a diferencia del mantenimiento a tiempo fijo, que impide o retarda la ocurrencia de los modos de fallo, el mantenimiento de búsqueda de fallos descubre los fallos funcionales. Este tipo de mantenimiento se aplica normalmente a los sistemas o equipos de reserva, sistemas de emergencia, etc., cuya incapacidad de operar puede causar problemas operativos o de seguridad que no son aceptables. Ejemplo: Realizar prueba operativa del diesel-generador de emergencia cada cuatro meses.

d) **Reparar cuando se Avería**. Esta forma de mantenimiento, o mejor dicho, de no realizar mantenimiento, está basado en la idea de que para algunos componentes o sistemas, ninguna de las categorías anteriores de mantenimiento es efectiva. Este tipo de mantenimiento se puede aplicar cuando:
 - Es más económico no realizar ningún mantenimiento y reemplazar el componente cuando éste falla.
 - El fallo del componente no produce el fallo funcional del sistema.
 - El modo de fallo es evidente al operador y puede ser fácilmente corregido.
 Ejemplo: Reemplazar una bombilla incandescente cuando se funde.

2.1.3 MANTENIMIENTO PREDICTIVO, BASADO EN LA CONDICIÓN O POR SÍNTOMAS

Esta estrategia de mantenimiento consiste en la realización de acciones de mantenimiento para obtener datos del sistema o equipo, cuando la tecnología permite determinar y conocer la tendencia de la condición de la maquinaria a través del análisis de los datos en lugar de abrir e inspeccionar. De ese modo el Mantenimiento Predictivo proporciona un método que modifica significativamente la aplicación de una manera más efectiva del Mantenimiento Preventivo. La idea que existe detrás de este concepto es que una máquina problemática dará alguna señal de aviso temprana, y que se puede medir que está comenzando a producirse uno de sus modos de fallo inherentes. Estas señales (por ejemplo, vibración, temperatura, presencia de partículas de desgaste, etc) pueden ser medidas, analizadas sus tendencias, y ligadas a un modo de fallo particular, con el objeto de ser utilizadas para determinar el comienzo de ciertos modos de fallo. El objetivo del Mantenimiento Predictivo es la eliminación o mitigación de los fallos no programados de la maquinaria, suministrando los datos necesarios para la programación de las acciones de mantenimiento a tiempo fijo, basadas en la condición y de búsqueda de fallos. El Mantenimiento Predictivo también puede ser utilizado para ayudar a determinar el alcance del trabajo cuando se realice la rehabilitación de los equipos o componentes u otro tipo de mantenimiento correctivo. Ciertos estudios han mostrado que el Mantenimiento Predictivo puede reducir los costes globales de mantenimiento en cerca de un 30%, aumentar la disponibilidad del equipo de un 2-40 %, aumentar la seguridad, y reducir el consumo de energía en cerca de un 10%. Las tecnologías de mantenimiento predictivo incluyen, pero no están limitadas a:

a) Análisis de Vibraciones.
b) Termografía.
c) Espectrografía de líquidos refrigerantes y lubricantes.
d) Ferrografía.
e) Ultrasonidos. Detección de Fugas por Ultrasonidos.

f) Boroscopía y fotografía por fibra óptica.

g) Análisis de tendencia de datos de proceso y de costes.

h) Técnicas de alineación láser.

i) Otras.

2.2 INTRODUCCIÓN A LA ELECCIÓN DE EQUIPOS

El objeto de este apartado es determinar qué equipos de los instalados en fragatas, son claros candidatos a ser mantenidos por alguna de las técnicas de mantenimiento predictivo, así como determinar, cual será la tecnología a aplicar en cada caso concreto.

Existen algunos equipos que, por condiciones operativas o por probabilidades de fallo no son susceptibles de ser sometidos a un mantenimiento por síntomas. Para otros, la utilización de este sistema si por un lado supone un ahorro (optimización de todo el proceso debido a la reducción de tareas de mantenimiento a bordo, reducción del stock de repuestos y alargamiento del ciclo de vida de los equipos), por otro incurre en una serie de costes que implican el hecho de que no será económicamente factible, ni provechoso. Por ello, a pesar de la gran utilidad y los buenos resultados que con un SMS se pueden obtener, es necesario constatar el hecho de que un sistema de la complejidad de una Fragata no podrá mantenerse exclusivamente por este procedimiento y serán necesarios un mantenimiento programado y un mantenimiento predictivo solapados entre sí.

Estudios recientes han analizado el ciclo de vida de los componentes instalados en un sistema de armas, y se ha llegado a la conclusión de que el 89% de estos componentes tienen una curva "Probabilidad de fallo-Edad" que presenta una tasa de fallos que es más o menos constante y únicamente un 11% de los componentes presentan una zona de desgaste definida, con un claro incremento de su tasa de fallos.

En el caso de los componentes que presentan una tasa de fallos constante durante toda su vida, un mantenimiento preventivo de reemplazo periódico es totalmente inefectivo e indeseable puesto que estaríamos introduciendo componentes con alta tasa de fallos en sistemas que están trabajando en su fase estable. El mantenimiento alternativo de estos equipos requiere la inspección en busca de fallos potenciales y la actuación para que estos no degeneren hasta convertirse en fallos funcionales.

En el caso de equipos que cumplan alguna de las siguientes condiciones:
1. Tener una vida útil conocida y fundamentada estadísticamente.
2. Tener un bajo coste de mantenimiento
3. No afectar decisivamente en la realización de las misiones del buque; ya sea por redundancia, o por no ser imprescindible.

Un programa de mantenimiento preventivo bien establecido (o incluso utilizar el mantenimiento correctivo), será por lo general mejor opción que el predictivo, puesto que el coste de implantación de un SMS es en estos casos más elevado que el beneficio.

2.3 POLÍTICA ACTUAL DE MANTENIMIENTO EN BUQUES DE GUERRA

Después de varios años de experiencia en la aplicación del mantenimiento programado en buques de guerra españoles y debido al elevado coste que suponía la ejecución del Plan de Mantenimiento de la Clase (CMP) en las Fragatas Clase Santa María (FFG), por incurrir a menudo en sobremantenimientos, se decidió poner en estudio los principios utilizados por la U.S. Navy en su actual Plan Integrado de Mantenimiento de la Clase (ICMP), con el fin de efectuar únicamente los mantenimientos que sean realmente necesarios, reducir costes, unificar mantenimientos para equipos idénticos y extender su aplicación a la mayoría de los buques.

2.3.1 RELIABILITY CENTERED MAINTENANCE (RCM)

La política actual aplicada a buques de guerra establece que el mantenimiento de equipos y sistemas, de buques en servicio, sea revisado y modificado para incorporar los principios del RCM en áreas donde los resultados esperados deban ser proporcionales a los costes asociados.

El resultado del RCM es determinar cuál de las tres estrategias de mantenimiento es más aplicable. Estas tres son:

a) Reparar cuando se avería (Fix-when-fail).
b) Mantenimiento según condición (Condition Based Maintenance).
c) Mantenimiento periódico (Time Based Maintenance).

2.4 CRITERIOS DE SELECCIÓN

Teniendo en cuenta que preservar el correcto funcionamiento del sistema, es el objetivo último del SMS, se ha procedido a realizar un análisis de arriba abajo, consistente en los siguientes pasos:

a) Identificación de todos los sistemas que componen el buque.

b) División del sistema, en subsistemas y equipos que requieran algún tipo de mantenimiento.

c) Determinar los requisitos de mantenimiento de cada equipo significativo analizando sus funciones y sus modos de fallo.

d) Determinar qué sistema de mantenimiento se ha de implantar en cada caso: Correctivo, Preventivo o Predictivo.

Es fundamental conocer si el funcionamiento del equipo es intermitente o por el contrario hablamos de funcionamiento continuo, puesto que las causas de fallo en uno u otro caso son distintas. Los equipos de funcionamiento continuo presentarán generalmente un tipo de fallo causado por el desgaste. En los equipos con funcionamiento intermitente el número de arranques y paradas será un factor clave que deberemos conocer y controlar.

2.5 COSTE

Uno de los criterios a utilizar en la selección de los sistemas y equipos a los que se les va aplicar el Mantenimiento por Síntomas es el coste asociado a su mantenimiento. Obviamente, no sería económicamente rentable gastar tiempo y recursos en aquellos sistemas que no tienen una historia de altos costes de mantenimiento o un número alto de fallos. Se seleccionarán aquellos equipos que tengan el mayor número de partes de mantenimiento, fallos, coste de repuestos, tiempo inactivo por averías o una combinación de cualquiera o todos los factores anteriores.

2.6 SELECCIÓN DE LAS TÉCNICAS A APLICAR

El siguiente cometido que se ha abordado es la propuesta de las técnicas que en cada caso se habrán de aplicar. Para este fin ha resultado vital la abundante información dispensada por Preditec.

2.7 INTRODUCCIÓN A LAS TÉCNICAS PREDICTIVAS

Existe una amplia variedad de tecnologías que pueden y deberían ser utilizadas como parte de un Sistema de Mantenimiento por Síntomas. Dado que una parte importante de los sistemas y equipos montados a bordo de los buques son de tipo mecánico, el análisis de vibraciones será el componente clave en el Sistema de Mantenimiento por Síntomas. Sin embargo, el análisis de vibraciones no puede suministrar toda la información que se requiere para implantar un SMS que sea efectivo. Esta técnica está limitada a la vigilancia de la condición mecánica de los equipos, y no otros parámetros críticos requeridos para mantener la fiabilidad y eficiencia de la maquinaria. Es por ello, que el análisis de vibraciones tiene ciertas limitaciones para vigilar procesos críticos y conocer el rendimiento de la maquinaria. Por lo tanto, el SMS debe incluir otras técnicas de diagnóstico de la condición adicionales al análisis de vibraciones.

Estas técnicas incluyen la termografía, análisis de aceites, vigilancia de parámetros de proceso, el láser, inspecciones visuales y otras técnicas de prueba no destructivas.

2.7.1 ANÁLISIS DE VIBRACIONES

El análisis de vibraciones es la herramienta básica en la que se fundamenta el mantenimiento predictivo. Se basa en los siguientes principios:

a) Toda máquina cuando funciona correctamente, tiene un cierto nivel de vibraciones y ruidos, debido a los pequeños defectos de fabricación. Esto podría considerarse como el "estado básico" o "Nivel Base" característico de esta máquina y de su funcionamiento satisfactorio.

b) Cualquier defecto de una máquina, incluso en fase incipiente, lleva asociado un incremento del nivel de vibración perfectamente detectable mediante una medición.

c) Cada defecto, aún en fase incipiente, lleva asociados unos cambios específicos en las vibraciones, que produce espectros o *Firma Característica*, lo cual permite su identificación.

La implantación de este sistema requiere el desarrollo de las siguientes etapas:

<u>1) Medición o detección.</u>

Para poder captar y cuantificar las vibraciones se recurre a convertirlas en señales eléctricas proporcionales. Esto se consigue con un captador o transductor de vibraciones.

La efectividad de las etapas posteriores requiere que la señal eléctrica presente la vibración con la mayor precisión posible, por ello es de suma importancia la elección del captador más apropiado de los existentes en el mercado y la instalación en el lugar adecuado.

El captador puede ser de desplazamiento, de velocidad y de aceleración según el parámetro que más interese medir.

Un montaje seguro, en la correcta localización y con un cableado cuidadoso, es también imprescindible para garantizar los buenos resultados.

ESTUDIO DE MANTENIMIENTO PREDICTIVO EN UN BUQUE DE GUERRA DOTADO DE S.I.C.P.

Una vez realizada la instalación de los equipos se realiza una primera medida para definir el estado de correcto funcionamiento. Con esta medida se confeccionan los gráficos de tendencia.

2) Asignación de los niveles de alarma y fallo.

Se parametrizan las bandas de frecuencia de interés en función de los modos de fallo potenciales de cada máquina y se asignan los niveles de alerta y fallo para el control de condición operativa indicando al operador la existencia de niveles de vibración anormales.

3) Análisis de la señal, tratamiento de la información.

La presentación de la señal en un osciloscopio no permite de por si efectuar un diagnóstico de averías. Para lograr esto será necesaria la descomposición de la señal de vibración en varios componentes armónicos simples de diferentes frecuencias mediante los Analizadores de Señales Dinámicas. Estos analizadores presentan el espectro de la vibración o gráficos de Amplitud-Frecuencia.

4) Diagnóstico.

La comparación del espectro obtenido en la máquina con el "espectro o firma característica" de cada defecto de la base de datos, nos permitirá efectuar el diagnóstico de la avería o las posibles averías. Para hacerlo con la mayor efectividad posible será necesario tener el conocimiento suficiente de la máquina y de sus condiciones de operación: velocidad, carga, número de etapas, etc.; frecuencias excitadoras, frecuencias propias, número de bolas de rodamientos, números de dientes de engranaje, etc.

La emisión conjunta del diagnóstico e informe de la condición operativa con recomendaciones paliativas para las máquinas afectadas completa el método.

Los dispositivos técnicos principales para la realización de esta técnica son: sensores de vibración monoaxiales, biaxiales o triaxiales, colector-analizador de datos, accesorios y Sofware específico.

ESTUDIO DE MANTENIMIENTO PREDICTIVO EN UN BUQUE DE GUERRA DOTADO DE S.I.C.P.

El sensor, denominado también en ocasiones captador, es el dispositivo que permite la conversión de un parámetro físico en una señal eléctrica. Los más habituales son:

a) Acelerómetros.
b) Captador de velocidad.
c) Captador de desplazamiento.
d) Captador de Presión.
e) Captador de Fuerza.
f) Captador de Temperatura.
g) Captador de nivel.
h) Captador de dilatación.

Los tres primeros son los que habitualmente se utilizan en el análisis de vibraciones. Los demás son muy útiles cuando el objetivo es la medición de otros parámetros de proceso.

El colector es el dispositivo que realiza el análisis y tratamiento de la señal y el diagnóstico. Dependiendo del modelo de que se trate su configuración y características son muy variadas:

a) Captura monoaxial o triaxial.
b) Medidas en tiempo real o no.
c) Mono o multicanal.
d) Aptitud para funcionar en condiciones atmosféricas desfavorables.
e) Compatibilidad con los distintos sistemas operativos.

Es un método sobradamente probado que ha dado muy buenos resultados en muchos campos de la industria incluidos entre ellos la industria naval y la marina. La US Navy comenzó a utilizar el análisis de vibraciones a partir de los años 60.

2.7.2 SISTEMA DE MEDICIÓN DE VIBRACIONES

En el capítulo tercero se explica la teoría básica de la representación de parámetros físicos por medio de ondas, pero a continuación se va a estudiar la forma en que se captan dichos fenómenos.

Para esta tarea se utilizan los denominados "captores de señal", que son básicamente componentes mecánicos que transforman las componentes físicas en señales eléctricas representativas del desplazamiento, velocidad o aceleración.

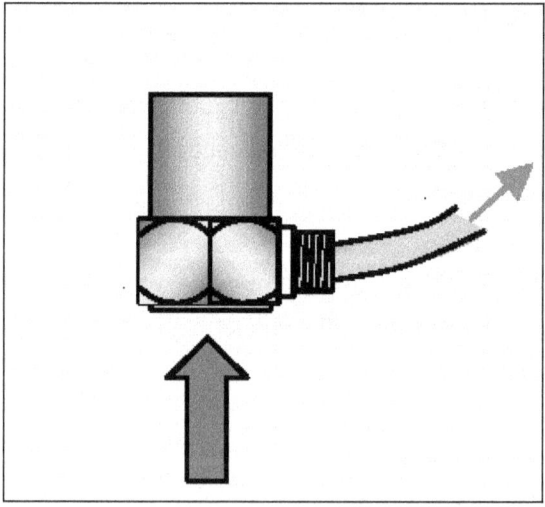

El captor de la figura es un acelerómetro y su misión es captar las señales de aceleración de las superficies en contacto con él.

Existen otros tipos que son capaces de captar con resoluciones importantes las variaciones de velocidad y desplazamiento.

Un factor importante referente a los captores es el relacionado con la transformación de parámetros mecánicos en señales eléctricas.

ESTUDIO DE MANTENIMIENTO PREDICTIVO EN UN BUQUE DE GUERRA
DOTADO DE S.I.C.P.

En las explicaciones teóricas, para la representación de los parámetros fijos se toman curvas simples o de tonos puros, caracterizadas por contener una sola frecuencia de vibración, pero la realidad es muy distinta y se dan formas de onda muy complejas, formadas por multitud de frecuencias periódicas y transitorias (de aparición esporádica).

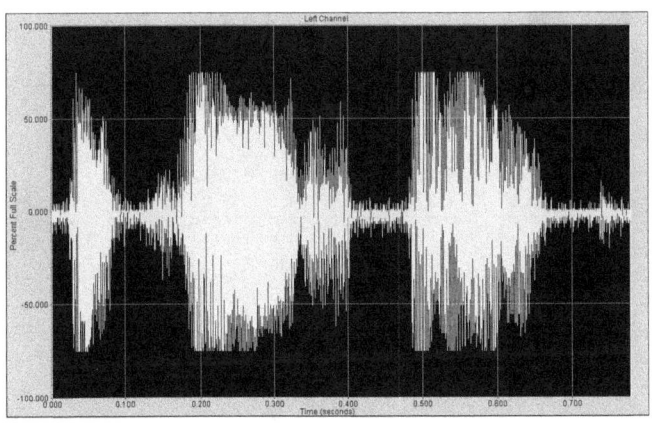

Llegados a este punto, necesitamos una herramienta que sea capaz de transformar la información en el dominio del tiempo (formas de onda) al dominio de la frecuencia (gráficas de frecuencias).

Esta herramienta es la "DFT" o "FFT" (transformada discreta de Fourier o transformada rápida de Fourier).

2.7.3 TRANSFORMADA DISCRETA Y TRANSFORMADA RÁPIDA DE FOURIER.

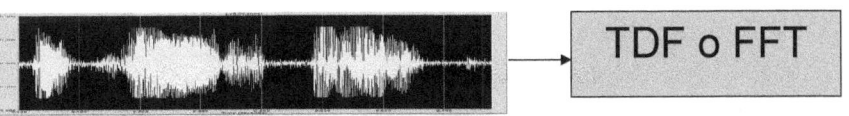

ESTUDIO DE MANTENIMIENTO PREDICTIVO EN UN BUQUE DE GUERRA
DOTADO DE S.I.C.P.

TRANSFORMADA DISCRETA DE FOURIER:

La misión de la "TDF" es la de proporcionarnos las componentes de frecuencias discretas que forman una onda compleja. Normalmente en los esquemas de funcionamiento de las máquinas encargadas de realizarla se representan como bloques con una entrada y varias salidas.

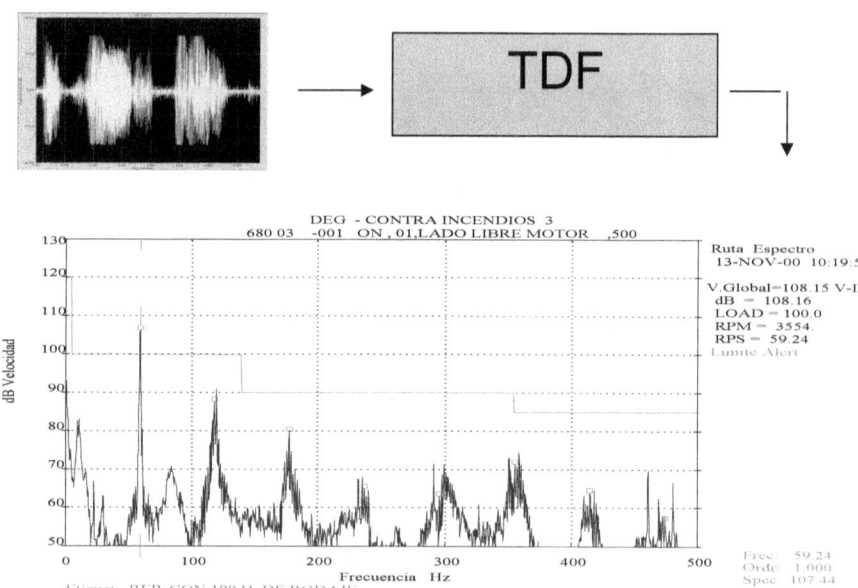

El caso que representa la figura de la página anterior, es una onda compleja que realmente está formada por una componente principal de frecuencia, armónicos de esta componente y un sin fin de frecuencias de menor amplitud.

La TDF no es otra cosa que la versión discreta de su análoga para el procesamiento de señales contínuas en el tiempo.

TRANSFORMADA RÁPIDA DE FOURIER:

La FFT trata de reducir el tiempo de cálculo de la TDF, es decir, el número de operaciones y además mejora la precisión de los cálculos pues, al tener que realizar menos operaciones, se reducen los errores de redondeo.

3 ANÁLISIS ESPECTRAL

Para conocer mejor el concepto de vibración, se exponen a continuación sus fundamentos mecánicos y unidades de medida, que nos permitirán determinar la naturaleza del problema y su severidad.

3.1 FRECUENCIA

La frecuencia es el número de veces que un evento se repite por unidad de tiempo. Aplicado al análisis de vibraciones, podríamos definir frecuencia como el número de ciclos que se repiten por unidad de tiempo. Es exactamente el valor inverso al período En el análisis espectral, la frecuencia es el parámetro representado en el eje horizontal (abcisas), y nos va a permitir identificar la causa de la vibración, es decir, nos va a permitir determinar si el problema mecánico es un desequilibrio, una desalineación, una holgura, un defecto en los rodamientos, etc.

La frecuencia puede expresarse en las unidades siguientes:
- *Hz (Hercios)* o CPS, número de ciclos por segundo
- *CPM,* número de ciclos por minuto

La relación de equivalencia entre ambas unidades es:
60 CPM = 1 CPS = 1 Hz

3.2 PERIODO

El período es el tiempo que se invierte en realizar un ciclo vibratorio completo. Las unidades en las que se expresa son unidades de tiempo (segundos o minutos). En la siguiente figura, se representa el período "T" de una onda en el tiempo originada por el movimiento vibratorio de un muelle "K" con una masa "m" suspendida en su extremo.

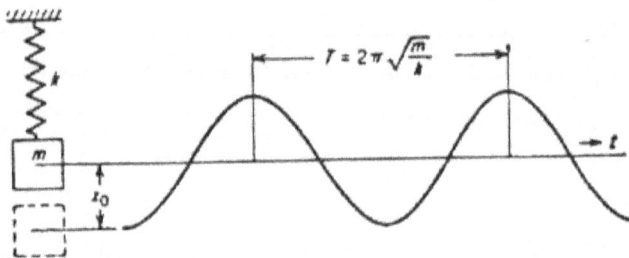

Figura 3. 1. Periodo de una onda vibratoria

3.3 AMPLITUD

La amplitud de la onda es la *intensidad o magnitud* de la vibración, y es indicativa de la severidad de la misma. La amplitud puede expresarse como:

- *Desplazamiento* (micras P-P \ mils P-P). Es la magnitud más adecuada para bajas frecuencias (típicamente hasta 10 Hz), donde las aceleraciones son bajas. La función que expresa analíticamente el valor del desplazamiento en un movimiento armónico simple es la siguiente:

$$X = x.\,sen(wt)$$

- *Velocidad* (mm/s RMS \ mils/s RMS). Es la magnitud más adecuada para un rango medio de frecuencias (típicamente entre 10 y 1.000 Hz), donde se suelen presentar la mayor parte de los problemas mecánicos. Su expresión analítica para el movimiento armónico puro es la siguiente:

$$V = \frac{dx}{dt} = Wx.\cos Wt = Wx.sen\left(Wt + \frac{\pi}{2}\right)$$

- *Aceleración* (G´s RMS). Esta magnitud se utiliza para la medida a altas frecuencias (típicamente por encima de 1.000 Hz), donde los cambios de velocidad son muy grandes:

ESTUDIO DE MANTENIMIENTO PREDICTIVO EN UN BUQUE DE GUERRA DOTADO DE S.I.C.P.

$$a = \frac{d}{dt}\left(\frac{dx}{dt}\right) = W^2 X.senWt = W^2 X.sen(wt + \pi)$$

Las unidades en el sistema métrico e inglés son:

Sistema Amplitud	MÉTRICO	INGLES
DESPLAZAMIENTO	micras (μM)	mils
VELOCIDAD	mm/seg	pulgadas/seg
ACELERACIÓN	m/seg^2 ó G´s	G´s

Conviene tener claro que cada una de estas tres magnitudes puede a su vez expresarse de distintas formas Pico (P), Pico-Pico (P-P) / RMS, tal y como se ilustra en la figura siguiente.

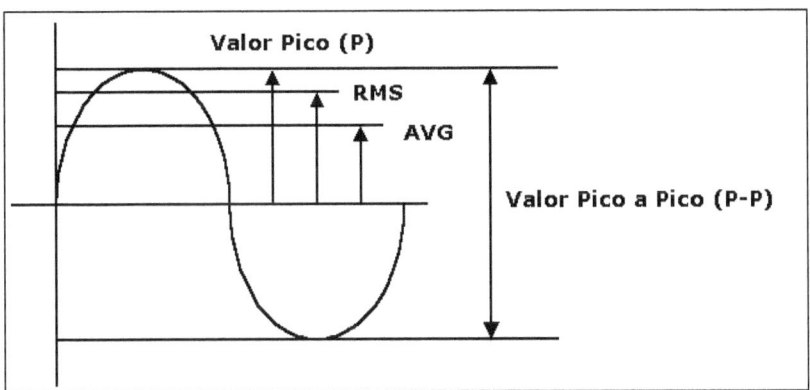

Figura 3.2. Formas de presentación de la amplitud en una onda

En una onda senoidal simple tendremos que:
- RMS = 0,707 x P, siendo RMS el valor eficaz y P el valor pico
- AVG = 0,637 x P, siendo AVG el valor promedio
- P-P = 2 x P, siendo P-P el valor pico a pico

Estos valores se relacionan matemáticamente así:

$$AVG = \frac{1}{T}\cdot\int_0^T x.dt$$

$$RMS = \sqrt{\frac{1}{T}\cdot\int_0^T x^2(t)dt}$$

3.4 FUERZA CENTRIFUGA

El valor de la fuerza centrífuga de una masa en rotación excéntrica se expresa como:

$$F_{cf} = m.r.w^2$$

donde:

- "m" es la masa del rotor
- "r" es la distancia del centro de gravedad al centro de rotación
- "w" es la velocidad angular (2 x π x f)

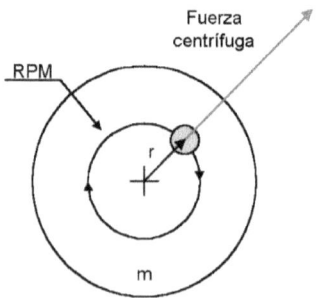

Evidentemente, un problema de desequilibrio se debe a una fuerza centrífuga del rotor que no está compensada. De acuerdo con la anterior expresión, a doble radio de giro o doble masa, se producirá doble fuerza centrífuga y, en consecuencia, doble amplitud de vibración. Sin embargo, si se duplica el régimen de RPM de giro (f = RPM/60), la fuerza centrifuga se cuadruplica, pues su variación es cuadrática en vez de lineal.

3.5 COMPORTAMIENTO FRECUENCIAL DE ACELERACION, VELOCIDAD Y DESPLAZAMIENTO

Las unidades de amplitud seleccionadas para expresar cada medida dependen de la claridad para manifestar los fenómenos vibratorios en cada rango de frecuencias. Así, el desplazamiento muestra sus mayores amplitudes en bajas frecuencias (típicamente por debajo de 10 Hz), la velocidad lo hace en un rango intermedio de frecuencias (entre 10 y 1.000 Hz), y la aceleración se manifiesta mejor a altas frecuencias (por encima de 1000 Hz). En los dos gráficos siguientes se muestra un mismo espectro en unidades de desplazamiento y aceleración. Ambos gráficos corresponden a un deterioro de un rodamiento. En el espectro en desplazamiento no se observa el problema, mientras que en el espectro en aceleración se observa claramente.

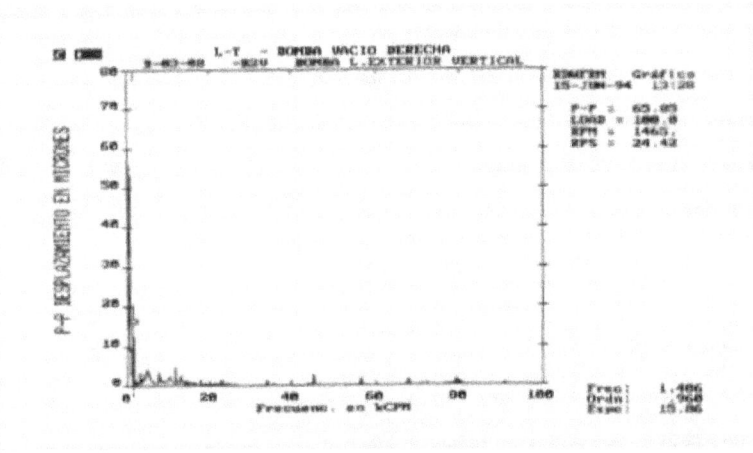

Figura 3.3. Espectro en desplazamiento

ESTUDIO DE MANTENIMIENTO PREDICTIVO EN UN BUQUE DE GUERRA DOTADO DE S.I.C.P.

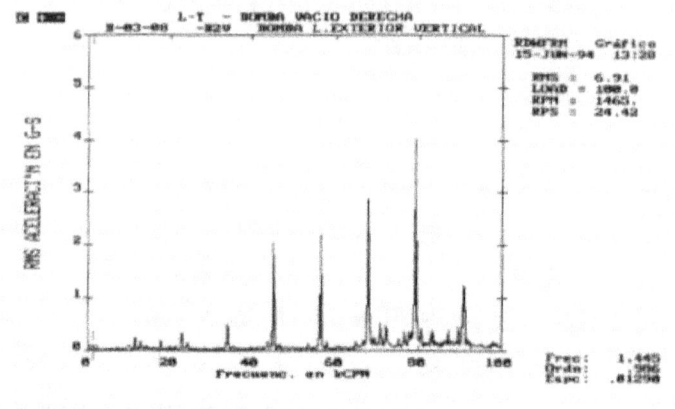

Figura 3.4. Espectro en aceleración

En la figura siguiente se presenta un gráfico con el comportamiento de las distintas unidades de amplitud en todo el rango de frecuencias. Las unidades de velocidad son las más utilizadas ya que en su rango de respuesta lineal en frecuencia es donde se manifiestan la mayoría de los problemas de vibraciones. Además, la severidad de vibraciones que definiremos a continuación, se da en unidades de velocidad según la norma ISO, por lo que siempre que queramos aplicar dicha norma será conveniente expresarla en dichas unidades.

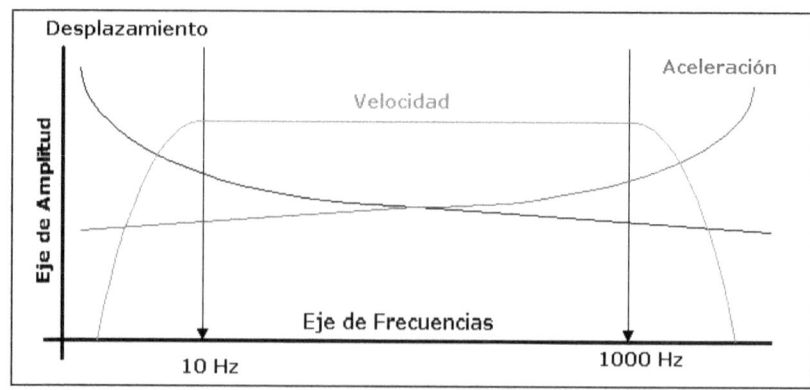

3.6 NIVEL GLOBAL DE VIBRACION

En los conceptos preliminares definidos se hace referencia a una onda senoidal, pero en la realidad industrial nos encontraremos en la mayoría de los casos con ondas más complejas, excepto en los problemas de desequilibrio puro. Cuando valoremos la amplitud de dicha onda, se hará según el *nivel global de vibración*, que cuantificará el valor de la señal vibratoria para todo el rango frecuencial seleccionado. Los aparatos que solamente miden el nivel global de vibración (vibrómetros), no pueden desglosar o descomponer frecuencialmente la señal.

3.6.1 TÉRMINOS BÁSICOS

- EL 1x (UNO POR):

Se denomina "1x" a la frecuencia o línea espectral que corresponde al régimen de revoluciones del rotor de la máquina. Es igual a "RPM / 60" si se expresa en Hz. También se le denomina fundamental del rotor, si es ésta la que se fija como referencia.

En análisis de órdenes, es el orden "1", frecuencia de referencia para el cálculo de frecuencias de fallos.

- LOS ARMÓNICOS:

Frecuencias que son múltiplo exacto de otra frecuencia denominada fundamental, esta a su vez es el Armónico Nº 1 o "1x". Se numeran como 1x, 2x, 3x, 4x, ..., etc.

- LAS BANDAS LATERALES:

Frecuencias que son transportadas a su vez por otra frecuencia. Si se producen por modulación de amplitud, se les conoce como modulaciones.

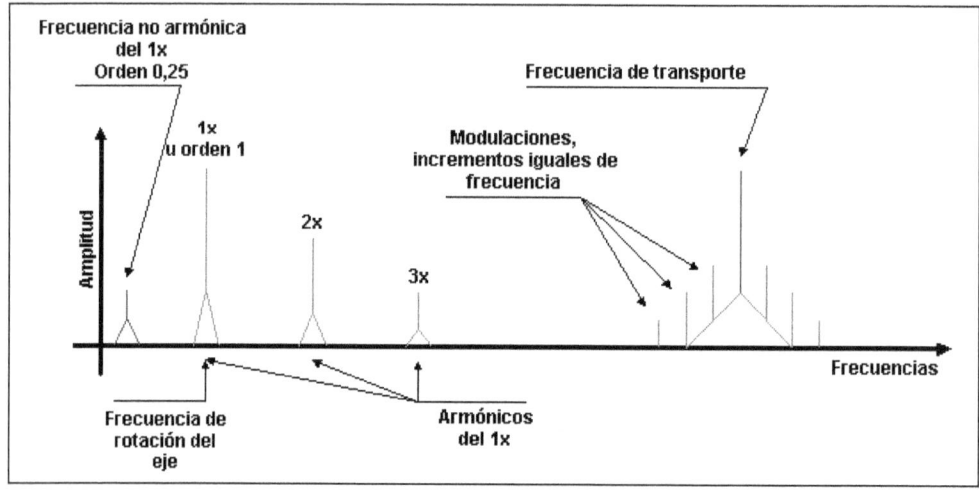

3.6.2 RESONANCIAS

La resonancia se produce cuando la frecuencia de fuerzas coincide con una frecuencia natural del sistema y puede causar una amplificación dramática de la amplitud, que puede provocar un fallo prematuro o incluso catastrófico.

La frecuencia de resonancia podría ser una frecuencia propia del rotor, pero suele originarse con frecuencia desde la estructura del soporte, cimentación, caja de engranajes o incluso pernos de transmisión.

Si un rotor esta próximo o casi en resonancia, puede llegar a ser casi imposible equilibrarlo debido al gran aumento de desfase angular que experimenta (90 grados en resonancia,y 180 grados cuando pasa a través de ella).

Con frecuencia requiere un cambio de la frecuencia natural a otra mayor o menor. Las frecuencias naturales no cambian generalmente con un cambio en la velocidad, lo cual ayuda a facilitar su identificación (excepto en una máquina con rodamientos planos).

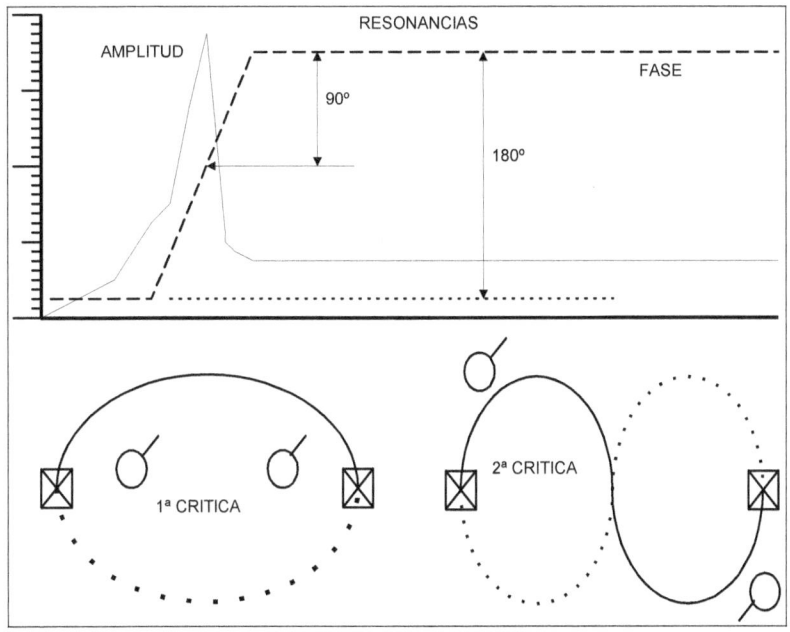

3.6.3 PUNTOS DE MEDIDA, LECTURAS, EQUIPOS Y RUTAS

- CONFIGURACIONES BÁSICAS DE MAQUINARIA:

Existen tres clases básicas de configuración:

• Eje único.

• Eje único con rotor en voladizo.

• Máquinas con acoplamiento.

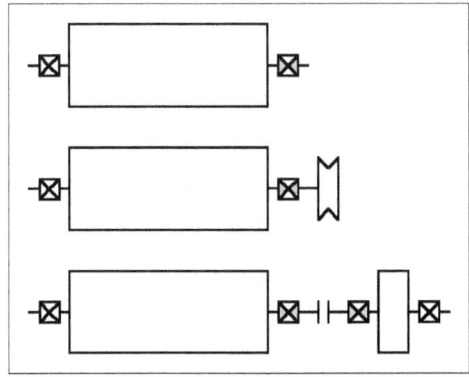

1.- PUNTOS DE MEDIDA.

Una vez elaborada la lista de equipos se determinarán los puntos de medida en cada equipo. El criterio es el siguiente:

- Se tomarán lecturas en cada apoyo de eje o maquinaria en dirección radial (Horizontal o Vertical), perpendicular al eje de giro. Esto se hace para disminuir al máximo el problema de transmisión y absorción que sufren las altas frecuencias, y acotar por proximidad, utilizando el sistema de comparación de espectros cuando se intenta localizar el origen del problema.

- Se realizará una medición mínima por apoyo en dirección radial (direcciones horizontal y vertical), preferentemente en sentido horizontal, y otra medición en sentido axial por eje que porte la máquina y buscando el lado en el que se encuentre el rodamiento de apoyo axial.

- En cada punto de medida se colocarán con adhesivo metal-metal unos discos metálicos con una tapa de plástico protectora. Estos discos se colocan con el objetivo de realizar la medida siempre en el mismo punto. Sobre los discos se colocará un acelerómetro para realizar la medida.

- La localización de los puntos para colocación de los discos metálicos se hará preferentemente en las cajeras de los cojinetes ó en su defecto en la zona más próxima, evitando carcasas o tapas de protección que puedan amplificar el modo de vibración. Para la medición axial se elegirá de ser posible el lado donde vaya ubicado el cojinete de empuje, y si son varias las medidas, todas orientadas en el mismo sentido (el ponerlas encontradas afecta a las lecturas de fase).

2.- NÚMERO DE MEDIDAS POR PUNTO.

Una vez seleccionados los puntos, se realizarán dos mediciones en cada punto, una en el rango de 0-500Hz (0-30.000 RPM), y la otra en el rango de 0-5000Hz (0-300.000 RPM).

Se realizan dos medidas al objeto de dividir el análisis en altas y bajas frecuencias. En la medición axial es suficiente con realizar la medida sólo en el rango de 0-500Hz.

3.- NOMENCLATURA DE LOS PUNTOS DE MEDIDA.

Como norma general, los puntos de medida en una máquina se sitúan en un plano perpendicular al eje de giro (medidas radiales en dirección horizontal ó vertical) y en un plano paralelo al mismo (medidas en dirección axial).

- Medidas en dirección radial.(Horizontal y Vertical).

El número de puntos de medición radial coincide con el número de apoyos del eje (no de la máquina). Se tomará como medición vertical la que se encuentre a 180º de la zona de mayor rigidez estructural de la máquina y como dirección horizontal la situada a 90º de la vertical.

La medida radial se realizará siempre que sea posible en la dirección de menor rigidez del equipo (normalmente en horizontal). Si estos puntos en horizontal no son accesibles por el lugar de colocación y montaje del equipo, se tomarán en la dirección vertical. En cada punto de medición radial se realizarán dos mediciones, una en la ventana de (0-500Hz) y la otra en la de (0-5000Hz).

- Medidas en dirección axial.

Se realizará una medida en dirección axial por cada eje de la máquina. En el caso de eje enterizo sólo se realizará una medida, si el eje tiene un acoplamiento elástico se considera como si fueran dos ejes y por lo tanto se realizarán dos medidas axiales.

Con eje enterizo la medida se realizará en la posición más cercana a la salida de potencia y separada del centro de giro lo máximo posible, cerca del cojinete de empuje.

En el caso de dos medidas axiales, se colocarán los puntos de tal manera que se realicen las medidas en la misma dirección.

EJEMPLOS :

1) MÁQUINA CON ACOPLAMIENTO ELÁSTICO EN DISPOSICIÓN VERTICAL.

CARACTERÍSTICAS:
- 1 Eje partido: 2 puntos de medición.
- 4 apoyos del eje: 4 puntos.
- Motor: rodamiento lado libre: 1 pto.
- Motor: rodamiento lado acoplado: 1 pto.
- Parte conducida: rodamiento lado libre: 1 punto.
- Parte conducida: rodamiento lado acoplado: 1 punto.

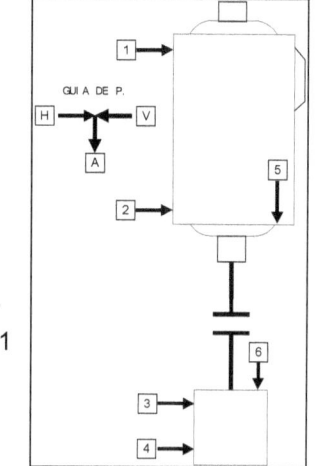

POSICIONES DE MEDICION:
- RADIALES: 1,2,3,4
- AXIALES: 5,6

2) MÁQUINAS CON ACOPLAMIENTO ELÁSTICO Y DISPOSICIÓN HORIZONTAL.

Posee los mismos puntos de medida que el ejemplo anterior, siendo sus:

POSICIONES DE MEDICIÓN:
- RADIALES: 1, 2, 3, y 4.
- AXIALES: 5 y 6.

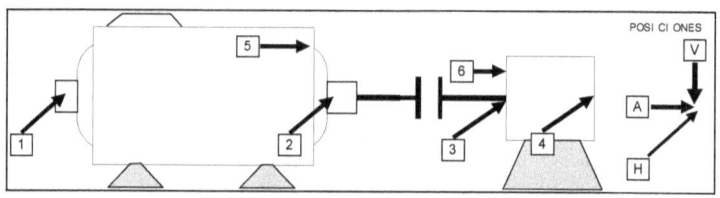

3) MAQUINA CON EJE ENTERIZO EN DISPOSICION VERTICAL. (Fig.3)

CARACTERÍSTICAS:
- 1 Eje enterizo: 1 pto. de medición axial.
- Generalmente si el eje es enterizo la parte conducida va en voladizo, por lo que no se realizarían mediciones en esta parte y solamente en el motor eléctrico en dirección radial.

POSICIONES DE MEDICION:
- RADIALES: 1 y 2.
- AXIALES: 3, 3' ó 3".

NOTA:
La elección del punto de medición axial 3, 3' y 3" (solo uno de ellos) lo haremos dependiendo del espacio de que dispongamos para realizar la medición que dependerá del lugar y tipo de montaje de la maquina y elementos adyacentes.

4) MÁQUINAS DE EJE ENTERIZO Y DISPOSICIÓN HORIZONTAL.

Posee los mismos puntos de medida que el ejemplo anterior, siendo sus:

POSICIONES DE MEDICIÓN:
- RADIALES: 1 y 2.
- AXIALES: 3, 3' ó 3".

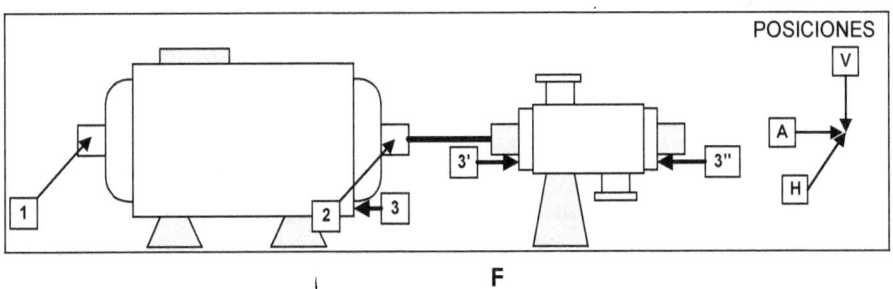

F

5) MÁQUINAS MOVIDAS POR POLEAS.
POSICIONES DE MEDICION:
- RADIALES: 1, 2, 3 y 4.
- AXIALES: 5, 6 y 6'.

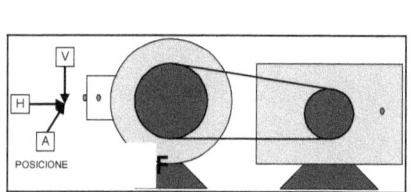 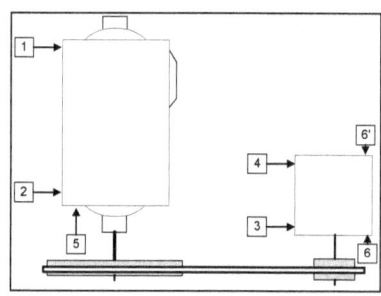

F

Se abrirán por cada posición de medición en radial dos ventanas de medición de frecuencia, una de 0 a 500 Hz y otra de 0 a 5000 Hz, y en axial sólo de 0 a 500 Hz, por lo tanto una máquina con seis posiciones de medición dará como resultado un total de diez mediciones (cuatro puntos radiales con dos mediciones cada uno y dos puntos axiales con una medición cada uno).

Aparte de los ejemplos anteriores de disposiciones más comunes y máquinas más comunes, podemos encontrarnos máquinas que no cumplan con dicha configuración. En esta situación nos remitiremos a los planos de la misma, localizando los apoyos y pondremos una posición de medida por apoyo.

4.-DATOS DE EQUIPOS.

Con anterioridad se mencionó que cada defecto de una máquina tiene una frecuencia característica por lo que para calcular la frecuencia de cada fallo en una máquina es necesario disponer de algunas características de esos equipos. Para ello se elaboran unas fichas con los datos necesarios y otras con las frecuencias de cada fallo. Para realizarlas se clasifican los equipos por tipos para unificar los datos necesarios:

- Bombas centrífugas.
- Bombas de husillo.

- Bombas de pistón.
- Bombas de engranajes.
- Compresores alternativos.
- Ventiladores.
- Depuradoras (aceite, combustible).
- Grupos convertidores.

El hecho de no disponer de todos los datos necesarios para efectuar un diagnóstico correcto de una máquina no debe ser impedimento para no efectuar mediciones en los equipos. Hay que considerar que este tipo de análisis se basa en la tendencia y en la estadística. Mientras se efectúen correctamente las mediciones, siempre es bueno realizarlas ya que en el momento que se disponga de todos los datos, el *Equipo de Análisis* dispondrá de más elementos de juicio que si se empezara en ese momento.

5.- REALIZACIÓN DE LECTURAS.

5.1.- PERIODICIDAD.

Las mediciones se clasifican en globales y en quincenales. Una medición global suele realizarse cada tres meses e incluye toda la maquinaria seleccionada, y es conveniente que coincida con la entrada en *PIP* (periodo de inmovilización prolongado) del buque, al objeto de ayudar a la selección de los equipos que entren en obras. Es recomendable efectuar una medición después de reparado el equipo, al objeto de comprobar la "bondad" de la reparación.

Cuando se efectúa un análisis de maquinaria se pueden encontrar máquinas que sea necesario reparar (nivel de fallo), otras que están en buen estado y unas terceras que sin estar ni bien ni mal (nivel de alerta), es necesario hacerles un seguimiento para ver su evolución, éstas son las que entrarían en las mediciones quincenales. Teóricamente en un año se realizarían cuatro mediciones globales a un buque y entre dos globales cinco mediciones quincenales.

5.2.- SISTEMÁTICA.

Antes de efectuar la medición es necesario que la máquina haya estado en funcionamiento el tiempo suficiente para alcanzar sus condiciones normales de trabajo. En caso de operar la máquina con carga variable, es imprescindible tomar lecturas siempre al mismo régimen. Es conveniente anotar las temperaturas de las cajeras de los rodamientos, las presiones y los caudales; estos datos pueden ayudar al diagnóstico.

Una vez que la máquina ha alcanzado su temperatura de funcionamiento, se comprueba el estado de la superficie de contacto del disco con la base magnética, se coloca el acelerómetro y se miden vibraciones en todos los puntos siguiendo la ruta cargada en el analizador.

Las máquinas recién reparadas necesitan un tiempo de rodaje antes de medir vibraciones, como norma general se propone un tiempo aproximado de cien horas. Para comprobaciones de desequilibrio y alineación no es necesario el tiempo de rodaje.

6.- ACELERÓMETROS.

Independientemente de criterios de temperatura, estanqueidad al agua, etc., la elección del acelerómetro se basará en el rango de frecuencias que puede medir. Como norma general los acelerómetros con gran masa son adecuados para medir a bajas RPM (ejes de cola) y los de pequeña masa para medir a altas revoluciones (turbinas).

El tamaño del acelerómetro puede limitar la realización de medidas en dirección axial. Los acelerómetros suelen disponer de una base magnética que se coloca sobre el disco metálico de la máquina.

También existen acelerómetros de mano, éstos no son adecuados con carácter general ya que filtran las altas frecuencias y pueden enmascarar problemas en rodamientos, sin embargo son de utilidad para comprobaciones pico – fase.

Los acelerómetros necesitan ser calibrados una vez al año, esta calibración se puede realizar en el INTA.

7.-CREACIÓN DE RUTAS.

El sistema de organizar las mediciones que utiliza el software MASTER TREND, se basa en las rutas.

Una ruta engloba varias estaciones y cada estación un grupo de máquinas, cada máquina tiene diferentes puntos de medición y cada punto de medición tiene dos medidas (una de 0-500 Hz, otra de 0-5000 Hz).

8.-SISTEMA DE NOMBRAMIENTO DE LOS PUNTOS DE MEDICIÓN.

Los puntos se empezarán a nombrar desde el lado libre de la parte motriz, al lado libre de la parte conducida.

Anteriormente al nuevo sistema de numeración que se está implantando, se realizaban dos medidas de vibraciones con ventanas de 500 y 5000 Hz de ancho de banda. Las medidas impares (001, 003, 005, ..., etc) representaban las mediciones de 0 a 500 Hz, y las medidas pares (002, 004, 006, ..., etc) correspondían a las mediciones de 0 a 5000 Hz.

En la actualidad se intenta medir en una sola ventana que cubra el margen de interés de análisis de vibraciones para la máquina bajo estudio. Las medidas se denominan como M1H, M1V y M1A, por ejemplo, para la parte libre de un motor, correspondiendo la "M" a motor, "1" el al lado libre, "V, H, A", corresponde a medida VERTICAL, HORIZONTAL y AXIAL respectivamente.

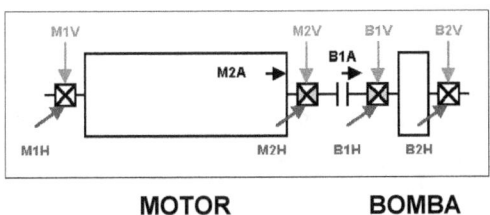

MOTOR　　　**BOMBA**

9.-PRECAUCIONES A LA HORA DE REALIZAR LA MEDICIÓN.

El análisis de vibraciones se basa en el estudio de la aparición de frecuencias sintomáticas de fallo, estudio estadístico de dichas frecuencias para establecer limites de alerta y de fallo, y la tendencia en el tiempo que tienen dichas frecuencias.

Para realizar todo esto, es fundamental establecer y realizar los siguientes puntos:

- Designar los puntos de medición y medir siempre en las mismas localizaciones.
- Establecer parámetros de funcionamiento de la máquina bajo medición y mantenerlos siempre que se mida.
- Utilizar el sensor designado y comprobar su fiabilidad.
- A ser posible, medir en puerto y con el resto de maquinaria fuera de servicio.
- Anotar cualquier observación de interés para el analista de vibraciones (ruidos, acciones esporádicas, reparaciones, etc...).
- Las mediciones las realizarán siempre dos operarios.

Ciertos puntos presentan ciertas excepciones. Cuando se miden cajas de reducción de propulsión principal, es difícil mantener parada la maquinaria asociada a la planta. En estos casos y parecidos, donde las frecuencias asociadas a otros equipos pueden presentarse en los espectros que analicemos, es primordial conocer cuales son esas frecuencias "extrañas". Todo analista configura un libro de análisis, donde refleja las posibles frecuencias que se pueden producir en los componentes mecánicos de cualquier máquina.

10.-MÉTODOS ADICIONALES AL ANÁLISIS DE VIBRACIONES.

Adicionalmente, y cuando se presenta una anomalía mecánica difícil de diagnosticar, hace falta realizar mediciones adicionales utilizando métodos complementarios de diagnóstico tales como: consumo eléctrico, termografía infrarroja, análisis de corrientes, análisis de campo magnético, análisis de fases, obtención de las frecuencias naturales, etc.

Realizados todos los pasos anteriores y con la información siempre actualizada, se fijan los puntos necesarios de medida, así como, las condiciones de trabajo que se utilizarán en la medición.

Es de suma importancia entender el motivo de mantener estas condiciones siempre que se realicen las mediciones y que no es un capricho del que realiza la medición.

Las mediciones formarán parte de una base de datos que posteriormente se tratará con un programa estadístico, el cual fijará una serie de alarmas de condición de fallo en base a los datos suministrados y a los márgenes de frecuencias especificados por los técnicos.

El no mantener las condiciones de trabajo especificadas bajo la medición, hace variar la aparición o desaparición de frecuencias en los datos tomados e informará erróneamente al programa estadístico. La aparición de frecuencias que se puedan confundir con fallos potenciales o la desaparición de otras, puede ocasionar la variación de estado de la máquina y hará caer en el error a los técnicos en vibraciones diagnosticando fallos que realmente no existen o dando como buena una máquina con un fallo potencial. Por lo tanto, de todo lo citado anteriormente podríamos obtener la siguiente conclusión: *"medición estable, resultado fiable "*.

3.6.4 LA CADENA DE MEDIDA

Está formada por los siguientes componentes:

1) Captor: formado normalmente por un acelerómetro.
2) Preamplificador: adapta las señales a niveles aceptables.
3) Cadena de filtros paso banda:
   - Suelen ser una batería de ellos.
   - Están repartidos para cubrir toda la banda de frecuencias de interés.
   - Suelen tener un ancho de banda fijo.

4) Promediadores y detectores de nivel:
   - Nos proporcionan una salida inteligible al analista.
   - Interface de salida.

5) Pantallas de video.

6) Impresoras.

7) Ploters.

8) Grabadoras.

9) Etc.

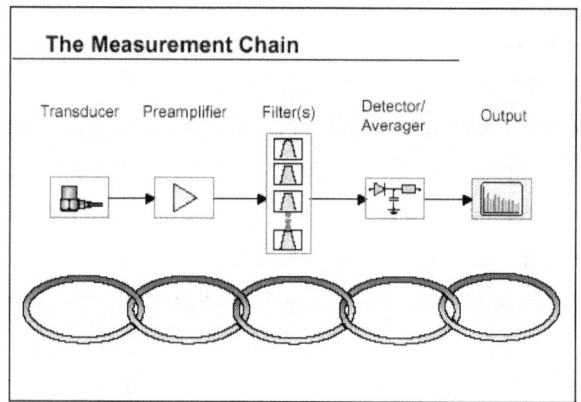

3.7 SEVERIDAD DE VIBRACION

Según las normas internacionales ISO 2372, 3945 y otras similares, se denomina severidad de vibración al valor eficaz o RMS de la amplitud de vibración en velocidad (mm/seg.), en el rango frecuencial entre 10 y 1000 Hz.

3.8 ESPECTROS

Tras la introducción de este capítulo referente al concepto de vibración, a continuación se van a explicar unos principios, relativos al seguimiento de las tendencias en la interpretación de espectros, que desembocarán en uno de los apartados más interesantes de este proyecto, que no es otro que la exposición de una serie de "espectros-ejemplo", obtenidos de la experiencia, y que van a reflejar los casos más habituales de averías.

ESTUDIO DE MANTENIMIENTO PREDICTIVO EN UN BUQUE DE GUERRA DOTADO DE S.I.C.P.

Entre las técnicas existentes para determinar la salud de las máquinas nos encontramos con:

- *Estudio de tendencias* de valores de vibración, BCU, temperatura, presión, caudal,... Avisa de la aparición de problemas
- *Análisis espectral.* Sirve para identificar el problema.
- *Técnicas especiales de vibración*, tales como el análisis envolvente, cepstrum, análisis de fase, forma de onda,...
- *Otras técnicas*, como el análisis de aceites, ultrasonidos, termografía,...

Los parámetros a estudiar para el seguimiento de las tendencias serán los siguientes:

- Vibración (mm/s): Para controlar el estado general de las máquinas
- Medición BCU/Envolvente: Para controlar el estado de los rodamientos
- Otros parámetros: Temperatura, presión, caudal, análisis de aceite,...

Por ejemplo, de la interpretación de los datos de la medida de un ventilador obtendríamos las siguientes conclusiones:

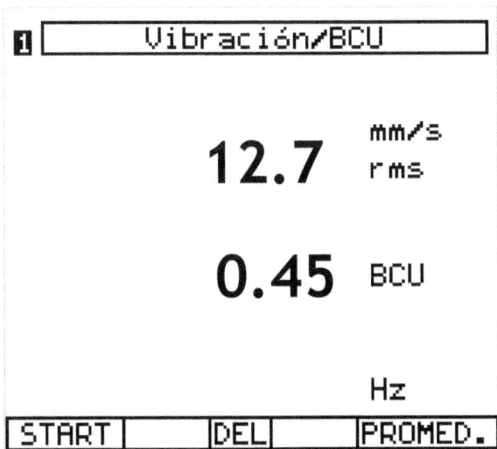

ESTUDIO DE MANTENIMIENTO PREDICTIVO EN UN BUQUE DE GUERRA DOTADO DE S.I.C.P.

1. Rodamiento en buen estado.
2. Desequilibrio elevado.

Mediante la monitorización de la vibración detectaremos pequeños cambios en la vibración que indican cambios en el estado de la máquina.

La mayoría de los fallos provocan aumento de la vibración, lo cual causa daños secundarios.

Existe una firma espectral para cada caso específico de fallo en máquinas y mediante su estudio obtendremos la detección y diagnóstico preciso de desequilibrio, desalineación, holguras, roces, excentricidades, ejes doblados, defectos en rodamientos, fallos en engranajes, problemas eléctricos, resonancias, etc.

Por ejemplo, observando el espectro que aparece a continuación podemos analizarlo y obtener información acerca del estado de la máquina. Los picos destacados en los espectros corresponden a las fuentes de vibración, así se identifica el origen de los problemas.

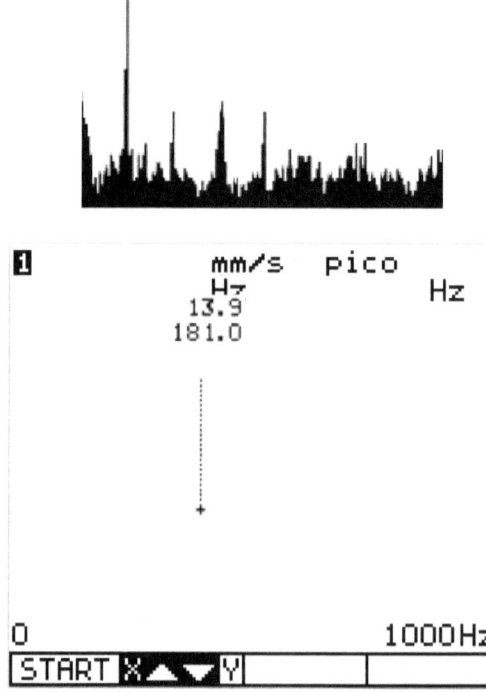

Como se puede ver en la siguiente figura, cuando se desarrolla un problema mecánico, aparece un pico asociado que delata el origen del problema:

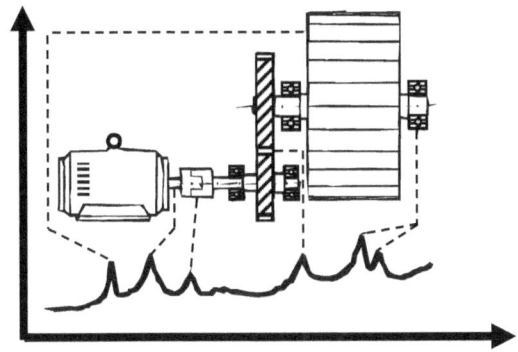

Las medidas de vibración se realizan colocando los sensores en los soportes de los cojinetes, como se puede observar en el dibujo que aparece a continuación:

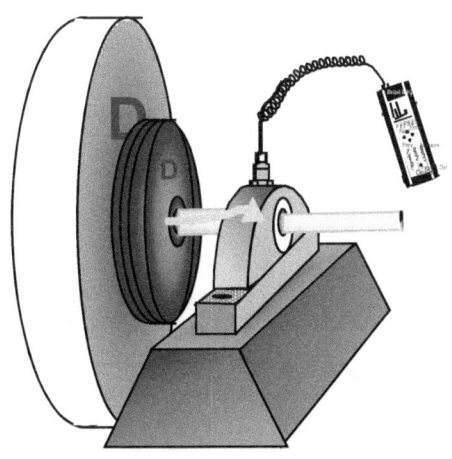

ESTUDIO DE MANTENIMIENTO PREDICTIVO EN UN BUQUE DE GUERRA DOTADO DE S.I.C.P.

El desequilibrio se caracterizará por un pico a la frecuencia de giro del rotor como el siguiente:

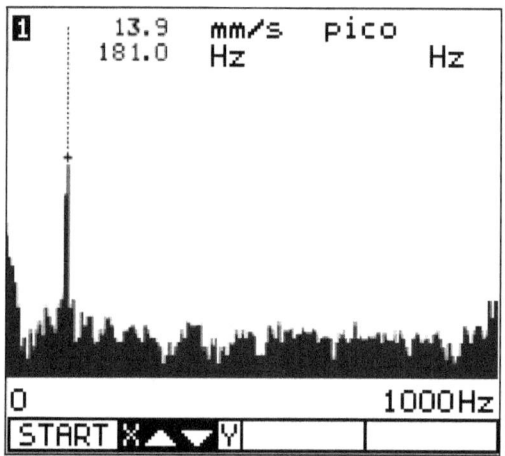

En la desalineación destacan el segundo y tercer armónico de la frecuencia de giro del rotor:

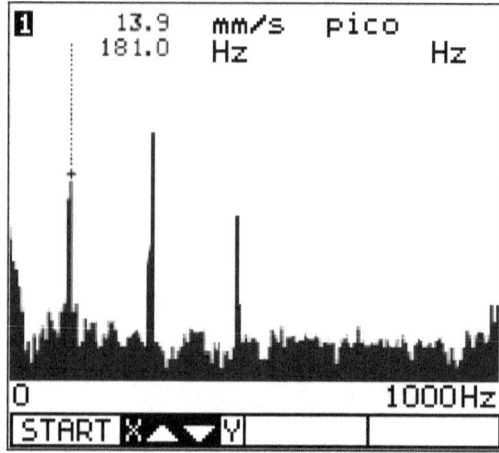

En las holguras destacan los armónicos de la frecuencia de giro del rotor:

ESTUDIO DE MANTENIMIENTO PREDICTIVO EN UN BUQUE DE GUERRA DOTADO DE S.I.C.P.

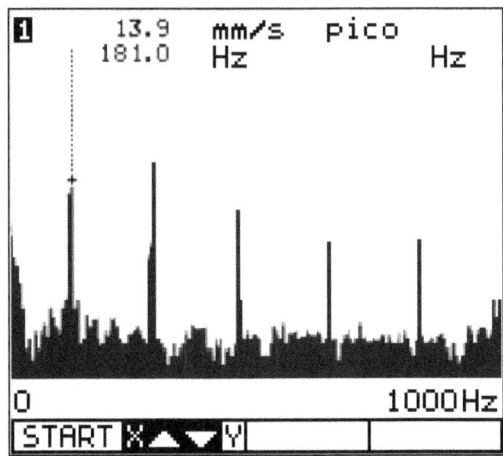

CASOS PRÁCTICOS DE INTERPRETACIÓN DE ESPECTROS

3.8.1 DESEQUILIBRIO ESTÁTICO O DINÁMICO

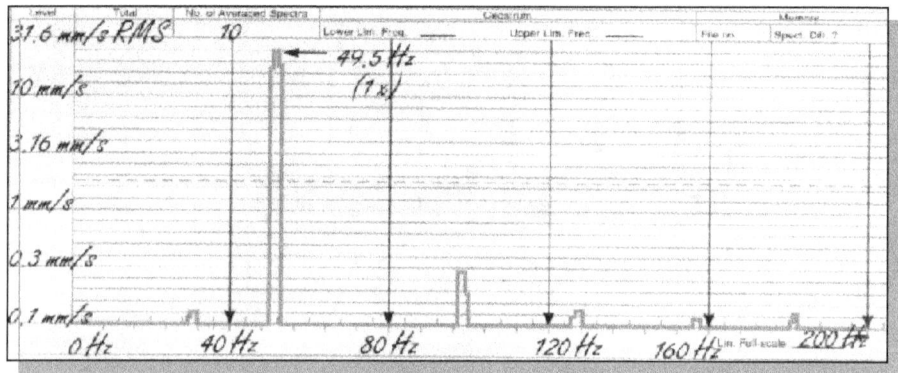

Máquina:
Motobomba

Fecha:
Ene-03

- El espectro muestra una componente de nivel muy elevada (aprox. 28 mm/s eficaces) a la frecuencia de rotación del conjunto motobomba.
- La vibración es radial.
- Las componentes axiales son de nivel muy inferiores a las radiales.
- Cuando los niveles son tan altos como los de la figura, podrían aparecer armónicos de la frecuencia de giro.
- Para asegurar el diagnóstico se aconseja la medida del desfasaje entre dos sensores colocados radialmente a "π/2" entre ellos. Este ángulo medido sería aproximadamente "π/2" en estas condiciones.

3.8.2 GRUPO DESALINEADO

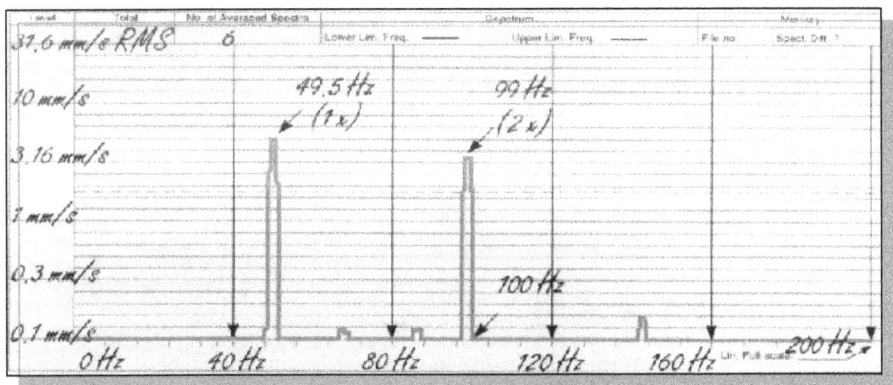

Máquina:
Motobomba

Fecha:
Dic-02

- El equipo rotativo cuya frecuencia de giro es de 49,5 Hz (1x), presenta un pico de nivel importante al doble de la frecuencia de giro (2x) dirección radial. Este nivel del orden de los 3,5 mm/s eficaces que aparece en la dirección radial no es admisible.
- En sentido axial también aparecerían armónicos de la frecuencia de giro, en este caso (2x).
- Se tomó la medida en un punto óptimo, en el cojinete de la bomba del lado de acoplamiento.
- El nivel de desequilibrio mecánico no es despreciable en este caso.

3.8.3 MOTOBOMBA DESALINEADA

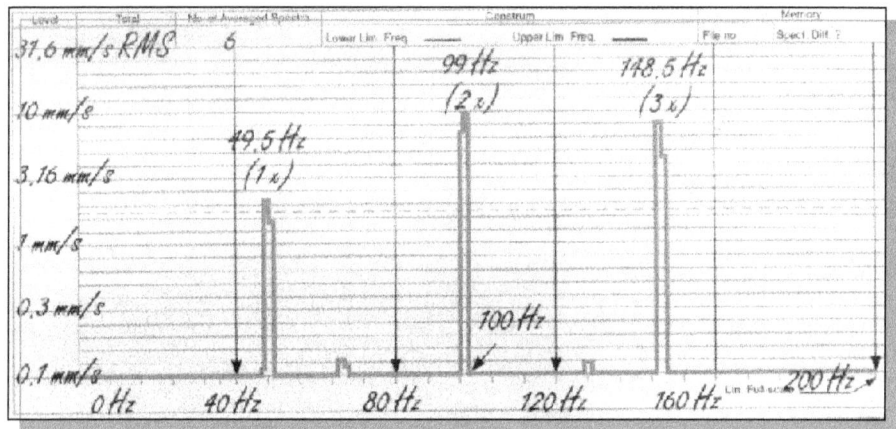

Máquina:
Motobomba
Fecha:
Dic-02

- Este caso muestra la presencia de vibración radial con los primeros armónicos de la frecuencia de giro pares e impares (2x) y (3x). Los niveles de estos armónicos son, en este caso, muy elevados.
- Obsérvese el desequilibrio a (1x) que tiene un nivel razonable.
- Análogamente al registro 2 (3.8.2 Grupo desalineado), los armónicos de la frecuencia de giro tendrán un nivel axial no despreciable, y en ocasiones, superior a las componentes radiales horizontal y/o vertical.

3.8.4 FIJACIÓN BANCADA FLOJA. HOLGURAS MECÁNICAS (I)

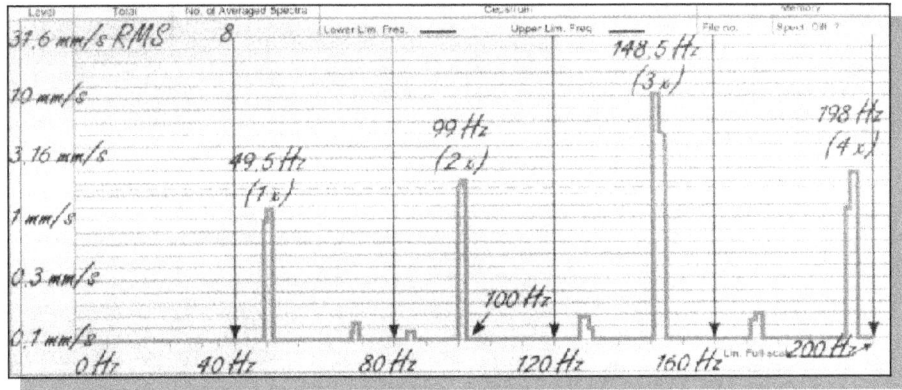

**Máquina:
Motobomba**

**Fecha:
Dic-02**

- Este defecto se manifiesta frecuentemente con síntomas espectrales muy parecidos a la desalineación o acoplamiento dañado.
- Las direcciones radial y axial son igualmente importantes para este tipo de defecto.
- La medida está tomada en el punto óptimo, cojinete bomba lado acoplamiento.
- Los primeros armónicos de la frecuencia de giro de la motobomba (49,5 Hz) son elevados pudiendo aparecer armónicos pares o impares o ambos. En este caso están el (2x) y (4x), así como un (3x) muy elevado.

3.8.5 APRIETE DE BANCADA IN SITU (I)

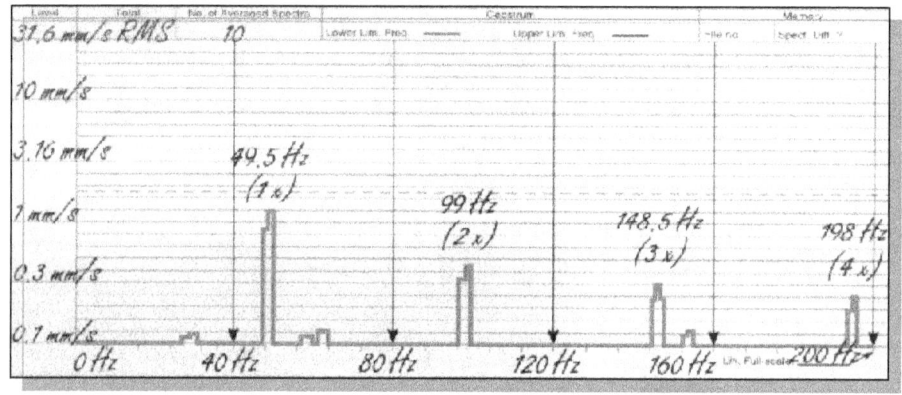

**Máquina:
Motobomba
Fecha:
Ene-03**

- El análisis espectral del registro cuatro (3.8.4. Fijación bancada floja I), observado por un técnico en la revisión, sugiere realizar comprobación de pares de apriete de los pernos a la cimentación. Hallando desigualdad entre los pares de apriete y flojedad en uno de los pernos, se procedió a la corrección.
- El resultado es el del registro. Los componentes (2x), (3x) y (4x) descienden notablemente.
- El desequilibrio del conjunto (1x) no manifiesta cambio alguno. Su nivel sigue siendo bueno para este tipo de motobomba.

3.8.6. FIJACIÓN BANCADA FLOJA (II)

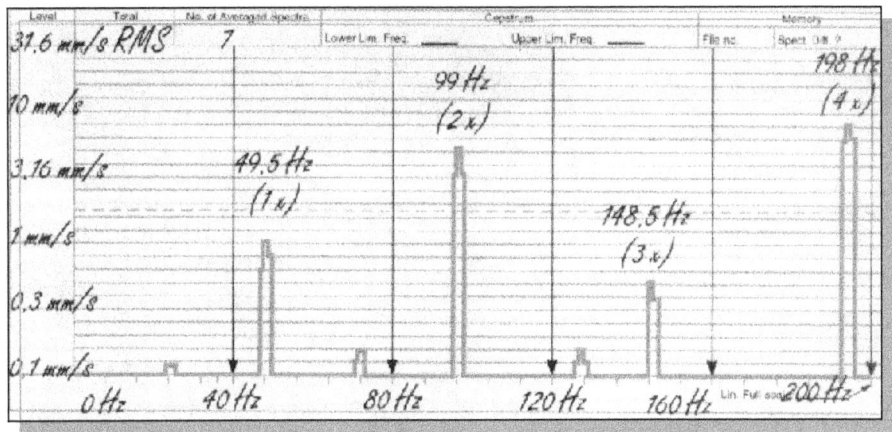

**Máquina:
Motobomba
Fecha:
Ene-03**

- Así como en el registro cuatro (3.8.4. Fijación bancada floja I), el nivel más importante ocurre a la frecuencia de (3x) o segundo armónico de la frecuencia de giro.
- Esta flojedad del grupo motobomba da lugar a niveles muy altos a los armónicos pares (2x) y (4x).
- Las medidas están tomadas en el punto óptimo del cojinete de la bomba en el lado del acoplamiento.
- Obsérvese que no se excluye la presencia de alguna resonancia importante en la instalación que esté ampliando la zona de 99 Hz ó 198 Hz (2x) o (4x).

3.8.7. APRIETE A BANCADA IN SITU (II)

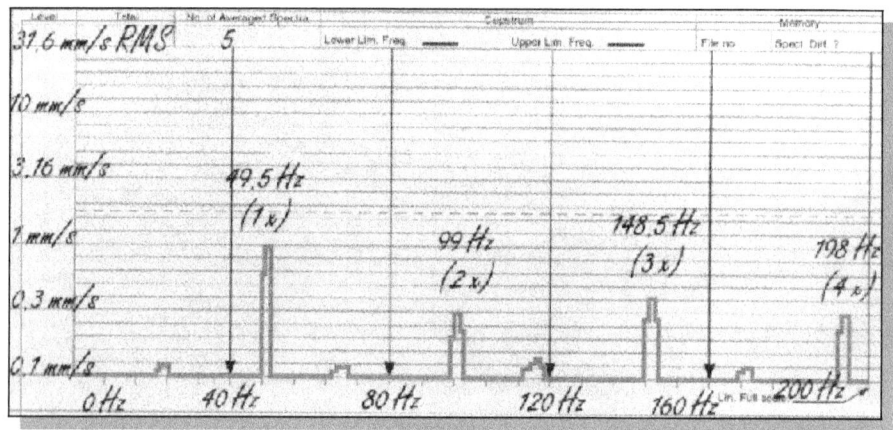

**Máquina:
Motobomba
Fecha:
ENE-03**

- La corrección de este defecto, si no hay otros añadidos en la zona espectral de interés, tal como frecuencias naturales excitadas, es sencilla y los niveles vibratorios mejoran considerablemente.
- Efectos no lineales pueden dar otras manifestaciones espectrales distintas.

3.8.8 RODAMIENTO DAÑADO (I)

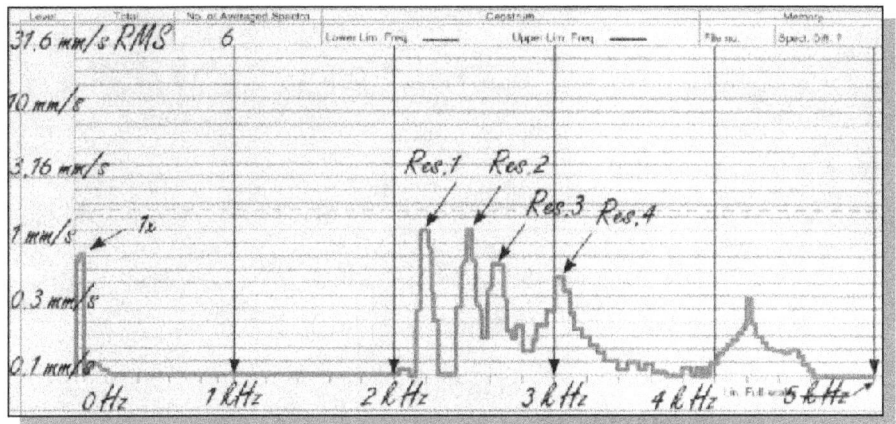

**Máquina:
Motobomba
Fecha:
Mar-03**

- Una técnica comúnmente sencilla de diagnóstico de un rodamiento dañado es la de observación de la zona de alta frecuencia. Si no hay componentes de vibración forzada que puedan ocupar la zona espectral de alta frecuencia, tal como engranajes, paso de álabe de turbina, etc...la presencia de picos en estas frecuencias elevadas (1 KHz<f<10 KHz) es indicativa de la excitación de algunas de las resonancias de las pistas, por defectos en ellas o en las bolas o rodillos.
- El espectro muestra cuatro picos entre 2 y 3,5 KHz, y el rodamiento estaba, naturalmente, dañado.

3.8.9 RODAMIENTO DAÑADO (II)

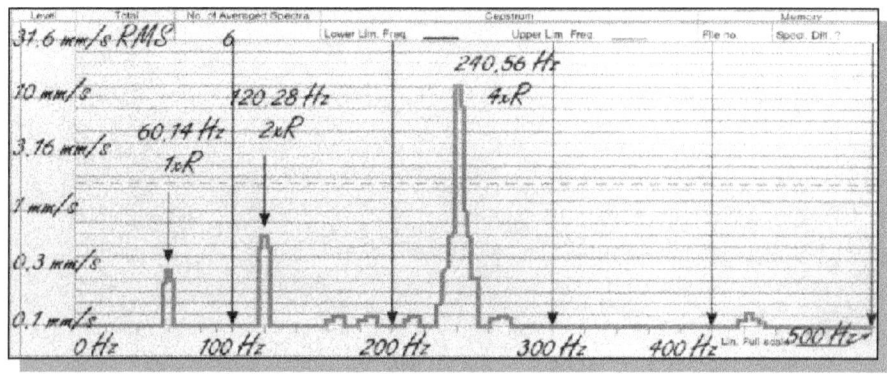

Máquina:
Rodamiento motor accionamiento Papelera
Fecha:
Ene-03

- Una forma tradicional de hallar la firma espectral en un rodamiento defectuoso es calcular la frecuencia de paso de bola respecto la pista interior o exterior así como la frecuencia de spin de la bola.
- El rodamiento dañado presenta una familia con el cuarto armónico (4R) muy elevado.
- El término fundamental 1R es de 60,14 Hz.
- El rodamiento donde apareció tenía :
    - d (diámetro bola) = 41,275 mm
    - D (diámetro de rodamiento) = 175mm
    - N (número de bolas) = 8
    - F (frecuencia de giro del eje) = 60,12 Hz
    - ángulo de contacto = 0°
- La frecuencia de paso de la bola por la pista exterior es:
    - N/2(1-d/D)f = 60, 12Hz, que coincide con 1R

3.8.10 RODAMIENTO DAÑADO (III)

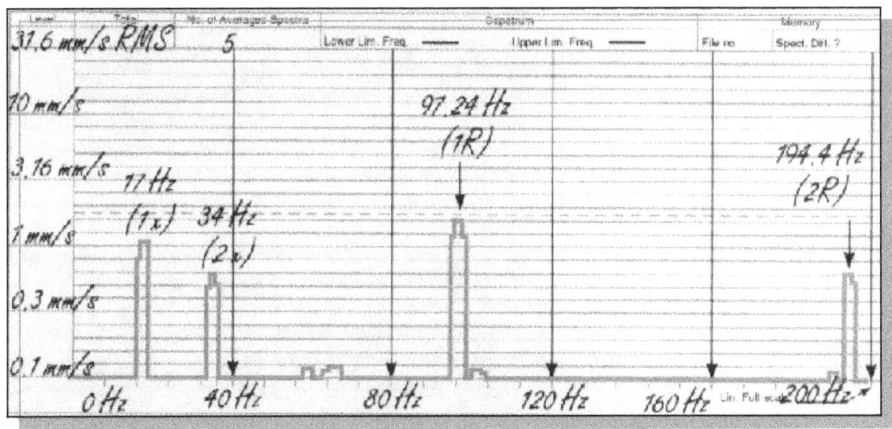

**Máquina:
Rodamiento Reductor
Fecha:
Ene-03**

- El equipo rotativo con daño en rodamiento es de contacto angular, con un ángulo de contacto α importante de 25°.

El resto de datos son :

- d (diámetro de bola) = 10,5 mm
- D (diámetro de cojinete o rodamiento) = 52 mm
- N (número de bolas) = 14
- f (frecuencia de giro del eje) = 17 Hz.
- La frecuencia de paso de bola por la pista exterior es:

$$N/2(1-d/D\cos\alpha)f = 97,24 \text{ Hz}$$

pico que es de un nivel importante para este tipo de defecto. (Mayor que 1,5 mm/s).

3.8.11 ROZAMIENTO

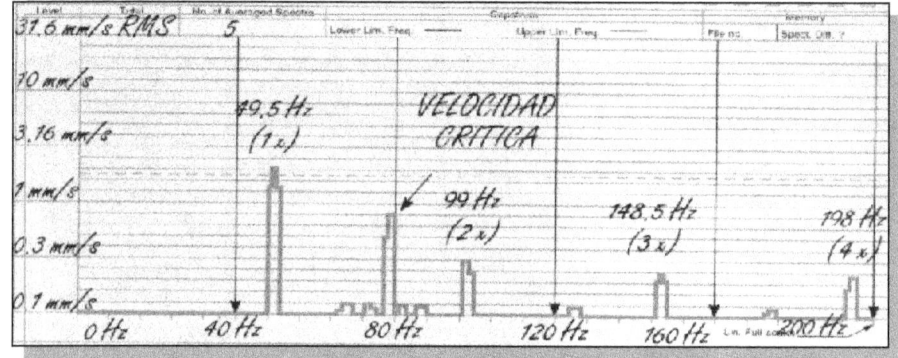

Máquina:
Bomba
Fecha:
Mar-03

- Si se tienen determinadas las frecuencias naturales de flexión más bajas (frecuencias críticas) de un rotor, por ensayos en banco, en montaje o taller; éstas pueden servir de ayuda en la detección de fenómenos de rozamiento entre rotor y estator.
- Algunos rozamientos y problemas en laberintos se identifican al obtener picos espectrales sin relación con las frecuencias de vibración forzada.
- La frecuencia crítica de la figura no tiene relación con las forzadas de (1x), (2x), (3x), etc...y corresponde con la primera frecuencia de flexión del rotor de la bomba de barril del ejemplo.
- Los ensayos de frecuencias naturales de torsión son, también, muy convenientes y orientativos de este defecto.

3.9 EQUIPOS SMS UTILIZADOS

1. El Colector propuesto es el modelo 2120 de CSI, cuyas características pueden verse en la siguiente figura.

Figura : Colector portátil CSI 2120

2. Acelerómetro de alta frecuencia.
3. Acelerómetro de baja frecuencia.
4. Accesorios para control motores eléctricos.
   - Pinza Amperimétrica.
   - Sensor de Flujo Magnético.
   - Termómetro de Infrarrojos

5. Unidades inteligentes MOTORSTATUS (en principio dos unidades "comodín" para el buque) y Adaptador para comunicaciones por Infrarrojos para colector CSI-2120.

Ver Figura .

Figura : Sistema MOTOR STATUS

Medidas del 'Sensor Inteligente'

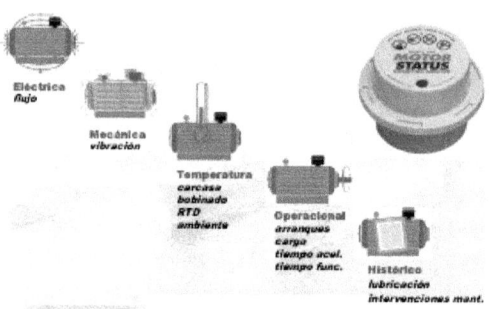

La unidad inteligente MOTORSTATUS consta de:
- Sensor inteligente para motores eléctricos de inducción.
- Baterías alcalinas.
- Transductores de vibración, temperatura y flujo magnético de dispersión controlados por microprocesador, memoria de almacenamiento y transmisión de datos por infrarrojos.
- Led indicador de alarma en máquina.
- Placa de montaje adhesiva con perno de sujeción.

6. Cámara de Infrarrojos.

El equipo propuesto es el FSI-AGEMA "Thermacam" 575-P, que consta de :
- Cámara de infrarrojos 575-P con lente de 24º .
- Rango de medida de temperatura –20 a +3500 ºC.
- Detector no refrigerado.
- Sensibilidad 0.1 ºC a 30 ºC.
- Almacenamiento de imagen en formatos IMG (14 bit) y/o BMP (8 bit).
- Visualización en LCD color tipo TFT.
- Almacenamiento de termogramas en tarjeta PCMCIA tipo Flash Card de 100 Mbyte de capacidad mínima.
- Registro de voz de hasta 30 segundos por termograma.
- Almacenamiento de texto seleccionable desde menú con cada imagen térmica.

- Funciones de análisis en tiempo real: punto de medida móvil en toda la imagen 2-D, perfil de temperatura a lo largo de una línea horizontal o vertical, isoterma y valor relativo respecto de una temperatura de referencia.
- Corrección de valores de Emisividad, Distancia, Temperatura Ambiente reflejada y Humedad Relativa.
- Emisividad asignable de forma directa desde una tabla de materiales predefinida por el usuario.
- Ajuste automático de los niveles de temperatura.
- ZOOM electrónico continuo de 1X a 4X en tiempo real.
- Control RS232 de todas las funciones.
- Baterías recargables y cargador inteligente.
- Sistema de registro digital de voz con auricular y micrófono direccional integrado.

En la Figura siguiente puede verse una fotografía de este equipo.

Figura : Cámara FSI-AGEMA "Thermacam"

7. Equipo portátil de Análisis de Aceites.

Sistema de análisis de degradación, contaminación y desgaste en aceites lubricantes e hidráulicos basado en las propiedades de dieléctrico del aceite. El equipo propuesto es el Analizador CSI OilView modelo 5100, con las siguientes especificaciones y accesorios:

- Analizador de aceites OilView de un canal, para el control de degradación, contaminación y desgaste en forma de índices de constante dieléctrica normalizados. Consta de :
    1. Analizador.
    2. Rejilla – sensor CSI 5100-SEN-2.
    3. Fluidos dieléctricos de calibración.
    4. Bomba de muestreo por vacío.
    5. Tubo de polietileno.
    6. Seis botes de plástico para muestras.
    7. Cable de comunicaciones con PC.
    8. Evalúa el contenido en agua disuelta, emulsificada y libre.
    9. Aplicable a aceites lubricantes e hidráulicos de todo tipo.
    10. Operación controlada por PC para archivo de bases de datos, puntos de muestreo y máquinas correspondientes (entorno RBMware™).

En la Figura siguiente puede verse una fotografía de este equipo.

Figura : Analizador CSI OilView 5100

8. Detector Ultrasónico SONICSCAN de CSI.
    - Pistola de ultrasonidos CSI A7000 con indicador digital de presión acústica en dB y temperatura por contacto en °C. Filtro sintonizable en el rango de 20-200 KHz y selección del modo de medida

"instantánea", "retención de pico" o "promedio" sobre pantalla LCD iluminada.
- Cargador de baterías.
- Sonda ultrasónica para detección y medida en el aire.
- Sonda ultrasónica para detección y medida por contacto, con sonda PT100 incorporada para temperatura.
- Auriculares para la escucha de la señal demodulada.
- Generador de tono ultrasónico para la localización de fugas por rastreo.
- Cable de conexión al colector de datos.

En la Figura siguiente puede verse una fotografía de este equipo.

Figura : Pistola de ultrasonidos CSI A7000 (pantalla de presentación)

9. Medidor de resistencia de Aislamiento ("Megger").

Este equipo no se incluye en la Propuesta de PREDITEC pero es un equipo de apoyo y prueba general que va incluido en el pertrechado del buque. Como se analizó anteriormente, es recomendable efectuar medidas de aislamiento eléctrico de todos los equipos incluidos en el SMS. Los resultados se introducirán manualmente en el SMS.

10. Boroscopio.

Las inspecciones boroscópicas forman parte del mantenimiento de las turbinas de gas LM25000. El kit boroscópico es una herramienta especial suministrada por General Electric. Los resultados de las inspecciones se introducirán manualmente en el SMS.

3.10 COMPONENTES HARDWARE EN LA BASE DE LA ESCUADRILLA

Se considera recomendable disponer en la base del siguiente equipamiento:

1. Herramientas hardware para Equilibrado y Alineación.

Son herramientas de mantenimiento correctivo, es decir, que lo natural es realizar estas operaciones en taller (en el Arsenal en este caso). Sin embargo, si se considerase que alguna máquina fuese crítica, se podría contar con el material a bordo para realizar una operación de equilibrado o alineación de urgencia.

Tacómetro de Infrarrojos CSI modelo 404B :

- Pick-up de infrarrojos para la medida de RPM, fase, promediación síncrona, "order tracking" y equilibrado dinámico de rotores "in situ".
- Soporte magnético con articulación a rótula.
- Cables de conexión a analizador.
- Alineador Láser Ultraspec 8000 "Pro Align" .
- Analizador CSI Ultraspec 8117.
- Juego de dos cabezales CSI 8210 láser visible con detector X-Y e inclinómetro digital para control del ángulo de rotación.
- Juego de bridas de fijación sobre los ejes de máquina con cadenas y tensores y postes de soporte de cabezales.
- Cargador de baterías.
- Adaptador para conexión entre cabezales láser y analizador CSI Ultraspec 8117.
- Programa de alineación de ejes horizontales PRO-ALIGN con cinco modos operativos de medida.

NOTA: Si se dispone de un analizador CSI 2120, se puede utilizar en lugar del analizador Ultraspec 8117, utilizando un kit de alineación láser con cabezales CSI 8210.

3.11 OPCIONES PARA EL ANÁLISIS DE MÁQUINAS ALTERNATIVAS

Para efectuar el análisis de máquinas alternativas existen dos opciones que se trataron anteriormente:

1. Adquisición de sistema WINDROCK-6300 de diagnóstico avanzado de máquinas alternativas, que es un equipo muy potente pero la inversión es costosa si la comparamos con analizadores convencionales de vibraciones. La solución propuesta sería compartir el equipo entre varias fragatas.

El sistema portátil WINDROCK-6300 consta de :
- Analizador-colector de datos para cinco canales en tiempo real con:
    1. Sonda de presión dinámica.
    2. Sonda de ultrasonidos.
    3. Tacómetro/encoder.
    4. Transmisores de presión estática y temperatura.
    5. Sensores de ignición.

En la Figura siguiente puede verse una fotografía de este equipo.

Figura : Analizador portátil WINDROCK 6300

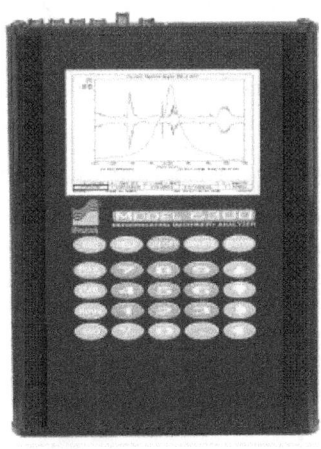

ESTUDIO DE MANTENIMIENTO PREDICTIVO EN UN BUQUE DE GUERRA DOTADO DE S.I.C.P.

2. Desarrollo de un módulo de software de "Análisis de Cilindros" para motores diesel, utilizando el colector bicanal CSI 2120, un sensor de presión adecuado y una Lámpara Estroboscópica para determinar la posición del cigüeñal.

Se describe a continuación la lámpara estroboscópica que podría utilizarse:

- Estroboscopio Tacométrico CSI mod. 444C : Lámpara estroboscópica portátil a baterías, con destello sincronizable, salida tacométrica TTL, entrada TTL auxiliar externa, y las siguientes especificaciones y accesorios:
  - Rango destello 20-100.000 RPM.
  - Resolución de medida:
    1. 0,0005 RPM en el rango 0-20 RPM
    2. 0,002 RPM en el rango 20-100 RPM
    3. 0,02 RPM en el rango 100-1000 RPM
    4. 0,2 RPM en el rango 1000-10000 RPM
    5. 2 RPM en el rango 10000-100000 RPM
  - Cargador de baterías.
  - Adaptador para operación en modo acoplado con los analizadores de CSI serie 2100.
  - Pantalla digital con indicación de RPM, Hz, Fase y Batt.
  - Ajuste digital de la frecuencia de destello, modo grueso y fino, multiplicador y divisor, modo de ajuste en frecuencia y en fase.
  - Función "tracking" de ajuste automático de fase en máquinas con irregularidad cíclica de la velocidad de rotación.

NOTA: el estroboscopio es un instrumento que permite la medida de fase vibratoria sin parada de máquina con lo que puede utilizarse para equilibrado en lugar del tacómetro de infrarrojos.

3.12 ARQUITECTURA SOFTWARE

El software de infraestructura que proporcionará todos los servicios necesarios para comunicaciones, control y gestión de recursos, es el Sistema Operativo WINDOWS NT.

La integración "SMS – SICP" se basará en un módulo ODBC (Microsoft's Open Database Connectivity) para la apertura de Bases de Datos mediante aplicaciones estándar Microsoft.

En cuanto al software de aplicación necesario, tendríamos los siguientes paquetes o funcionalidades:

3.12.1 SOFTWARE RBMWARE™

Como resumen, se relacionan aquí los módulos disponibles. Este software debería estar también disponible en la base de la escuadrilla.

Software soporte que integra todas las tecnologías de mantenimiento predictivo:

1. VIBview para supervisión de Vibraciones: preparado para supervisión de vibraciones on-line, colectores portátiles y sensores inteligentes de lectura sin cable.

2. OILview para análisis de aceites: módulo de software para análisis "en el sitio", análisis de residuos y de datos de laboratorio externo. Realiza análisis automático, representación gráfica y de tendencias, almacenamiento de datos y generación de informes.

3. Termografía IR (infrarroja): módulo de software para gestión de inspecciones termográficas por infrarrojos.

4. Análisis de Ultrasonidos SONICview : módulo de software para tecnología de ultrasonidos, que permite integrar esta tecnología con otras tecnologías de mantenimiento predictivo.

5. Alineación y Equilibrado ULTRAMGR : módulo de software para almacenamiento y gestión de datos de equilibrado y alineación láser. Son herramientas de *mantenimiento correctivo*. Permite edición de informes de trabajos de proactivo y registro histórico de tolerancias, coeficientes de influencia, dimensiones, etc.

ESTUDIO DE MANTENIMIENTO PREDICTIVO EN UN BUQUE DE GUERRA DOTADO DE S.I.C.P.

6. Diagnóstico de motores eléctricos con MOTORVIEW y MOTORSTATUS : módulo de software para análisis de espectros de la corriente de alimentación, flujo de dispersión magnética y tendencias de temperaturas normalizadas.

3.12.2 FUNCIONES DE MANTENIMIENTO DEL SICP

1. Como ya se trató con anterioridad, el SICP tiene incorporadas las funciones, que se indican a continuación, que pueden considerarse como funciones de mantenimiento:

1.1. Registro de horas de funcionamiento de máquinas y equipos.

1.2. Representación de diagramas de tendencias (una o varias variables analógicas en función del tiempo) en tiempo real ("On Line").

1.3. Almacenamiento de los datos de funcionamiento máquinas y equipos cuando están en marcha, con periodicidad determinada por el operador, o cuando pasa a condición de alarma y cuando cesa esta condición de alarma. La información sobre los datos almacenados en el SICP se puede solicitar por equipo y seleccionando el intervalo de tiempo deseado.

1.4. Representación de diagramas de tendencias (una o varias variables analógicas en función del tiempo) de las variables analógicas almacenadas ("Off Line"), seleccionadas por el operador, para un intervalo de tiempo, fecha y hora de inicio y de final, también seleccionado por el operador.

1.5. Capacidad de programar en las subestaciones del sistema (LSS) alarmas para mantenimiento y diagnóstico función de los parámetros de proceso.

2. Otras funciones de Mantenimiento no incorporadas en el SICP ni en oferta de PREDITEC y que, por tanto, sería necesario desarrollar son:

2.1. Generación "On Line" de alarmas de "Fallo de Condición". Éstas son las alarmas que se generan por los estados "Características de Funcionamiento", definiéndose estos estados como la combinación de valores de sensores tendentes a obtener un parámetro que defina una condición de funcionamiento y pueda compararse con el mismo parámetro deducido de un modelo de este funcionamiento. Un ejemplo de este tipo de alarma es la que se obtendría al comparar la "Característica de Funcionamiento" rendimiento adiabático de un compresor, calculada a partir de los valores medidos por los sensores, con el obtenido de los datos de pruebas de fábrica o de datos con servicio satisfactorio. Estas alarmas son diferentes a las obtenidas por comparación de la medición de un sensor con unos valores estáticos, como pueden ser alarmas de alta/baja presión, o dinámicos, por ejemplo alarma de alta/baja presión en función de las rpm. Estos últimos tipos de alarma los incorpora el SICP y, aunque ayudan a determinar el estado de un equipo, no se consideran específicos del SMBC.

2.2. Diagnóstico "Off Line" en base a las características de "Fallo de Condición" como las definidas para las alarmas "On Line".

2.3. Herramientas para generar y representar gráficamente, a partir de los datos de funcionamiento recogidos por los sensores del SICP, alarmas por "Fallo de Condición" y "Características de Funcionamiento". Estas herramientas son:

2.3.1. Programación de "Características de Funcionamiento".

2.3.2. Programación de alarmas por "Fallo de Condición" "On Line". Estas alarmas han de ser presentadas como un nuevo estado de alarma en las pantallas operativas del SICP.

2.3.3. Representación "Off Line" de "Características de Funcionamiento". Esta representación se utiliza para determinar la desviación del estado actual respecto a las bandas de tolerancia de estas "Características de Funcionamiento" obtenidas del fabricante o determinadas de las pruebas de fábrica o de la experiencia previa.

2.3.4. Generación de informes, basados en las "Características de Funcionamiento", de la Condición de los equipos.

ESTUDIO DE MANTENIMIENTO PREDICTIVO EN UN BUQUE DE GUERRA DOTADO DE S.I.C.P.

4 APLICACIÓN DE LAS TÉCNICAS DE ALINEACIÓN LÁSER A FRAGATAS

A continuación se relata una avería real detectada por SMS:

A) ESPECTRO EN FORMA DE ONDA Y UTILIZANDO LA TECNICA "**PEAKVUE**" PARA "**DIAGNOSTICAR**" FALLO DE RODAMIENTO DEL **ALTERNADOR 2A**
- EN EL RODAMIENTO DEL LADO DEL ACOPLAMIENTO DEL ALTERNADOR CON SU **MAQUINA MOTRIZ (DIESEL)**.

RODAMIENTO DEL LADO ACOPLMIENTO
LA = Lado acoplamiento

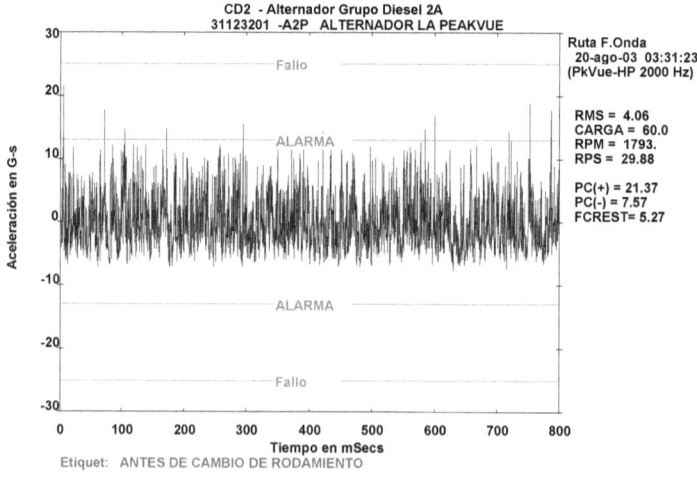

FORMA DE ONDA ANTES DEL CAMBIO DEL RODAMIENTO

ESTUDIO DE MANTENIMIENTO PREDICTIVO EN UN BUQUE DE GUERRA
DOTADO DE S.I.C.P.

B) ESPECTRO EN FORMA DE ONDA Y UTILIZANDO LA TECNICA "**PEAKVUE**" PARA "**DIAGNOSTICAR**" FALLO DE RODAMIENTO DEL **ALTERNADOR 2A**
- EN EL RODAMIENTO DEL LADO DEL ACOPLAMIENTO DEL ALTERNADOR CON SU **MAQUINA MOTRIZ (DIESEL).**

RODAMIENTO DEL LADO ACOPLMIENTO
LA = Lado acoplamiento

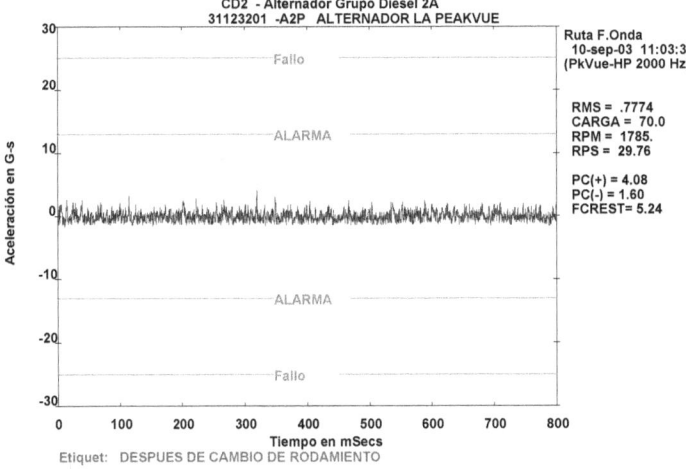

FORMA DE ONDA DESPUES DEL CAMBIO DEL RODAMIENTO

C) INFORME

DIESEL-GENERADOR 2A:

· Diagnóstico:
- Síntomas de fallo incipiente en el rodamiento del alternador "LA" (lado del acoplamiento)

· Recomendaciones:
- Sustitución del rodamiento del alternador "LA" (lado del acoplamiento). Es recomendable que al alinear el grupo con su **maquina motriz (Diesel)** se utilicen "**técnicas de alineación láser**".

D) TÉCNICA "PEAKVUE":

El análisis espectral por Transformada Rápida de Fourier (FFT) en un rango de frecuencia determinado (Fmáx) exige que la señal analógica sea muestreada como mínimo, y en virtud de la ley de Bodé, a razón de 2,56 veces Fmáx. Así, el muestreo de la señal analógica en el dominio de tiempo podrá garantizar la representación espectral de todas las frecuencias existentes por debajo de Fmáx. Sin embargo, en el contacto metal-metal en elementos mecánicos como rodamientos y engranajes, se generan unas ondas vibratorias de muy corta duración que se escapan al procesado digital convencional.

Las ondas de impacto se denominan "stresswaves", y son fenómenos vibratorios con duración del orden de milisegundos (1-50 KHz) y su captura es muy interesante para la detección temprana de fallos en rodamientos y engranajes. Lo más importante del procesado de ondas de impacto y que lo diferencia claramente de la demodulación de frecuencia es la capacidad de tratar señales de baja amplitud y muy alta frecuencia en máquinas lentas (molinos de cemento, agitadores, etc.).

El analizador CSI modelo 2120 incorpora un módulo de procesado de ondas de impacto denominado "PEAKVUE", que muestrea la señal analógica a una velocidad muy alta independientemente del rango de análisis seleccionado. El análisis "PEAKVUE" utiliza un filtro paso-alta para eliminar las componentes de baja frecuencia (desequilibrio, desalineación, etc.) y aprovechar al máximo el rango dinámico del analizador antes de pasar por un detector de pico. Tras pasar por el detector de pico se procede a hacer el análisis FFT de la onda procesada por "PEAKVUE", resultando un espectro nítido de las frecuencias de fallo que, a diferencia de la demodulación, se representa con amplitudes pico reales.

Para conseguir los mejores resultados de la tecnología "Peakvue" es conveniente tener en cuenta los siguientes aspectos:

- Utilizar un acelerómetro de alta frecuencia (hasta 10 KHz) en sus propias unidades (G's), siendo riguroso con la forma de sujeción, mejor con bases magnéticas planas que bipolares.
- Seleccionar una frecuencia máxima acorde al tipo de defecto.
- Seleccionar un filtro paso alto igual o mayor que la frecuencia máxima.

En suma, "PEAKVUE" es un procesador exclusivo basado en el análisis de ondas de impacto, caracterizado por filtrar las bajas frecuencias para un óptimo aprovechamiento del rango dinámico del analizador, muestrear la señal analógica con gran velocidad e independientemente del rango de frecuencia de análisis, y retener el valor pico verdadero de los impactos, lo que permite obtener un espectro FFT que presenta las frecuencias de fallo de rodamientos y engranajes muy nítidas, con sus valores de amplitud reales (en G's), y tanto para máquinas rápidas como lentas.

E) TÉCNICAS DE ALINEACIÓN LASER:

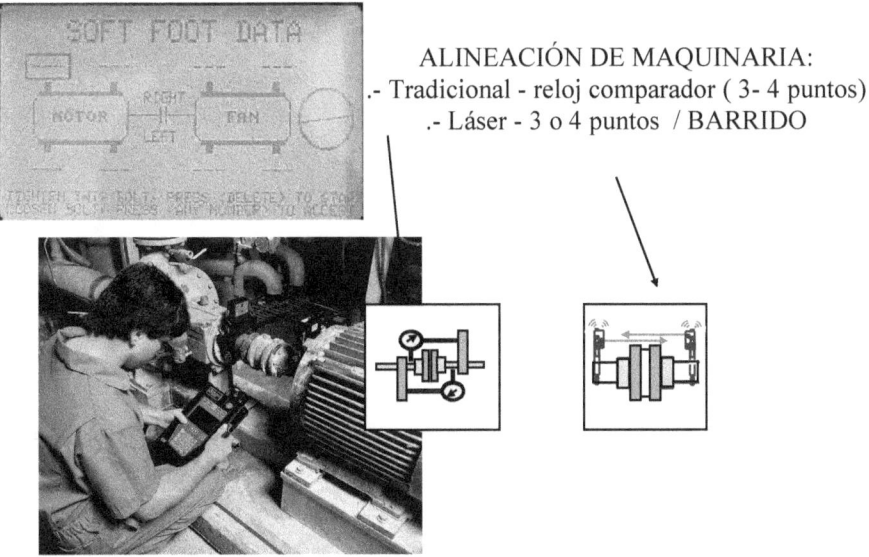

ALINEACIÓN DE MAQUINARIA:
.- Tradicional - reloj comparador (3- 4 puntos)
.- Láser - 3 o 4 puntos / BARRIDO

Sistema ROTALIGN PRO:

Es el sistema profesional de alineación láser para resolver cualquier situación de alineación de máquinas que se pueda presentar. Permite además verificar planitud y alinear cojinetes (mediante opcionales). Características:

- Alinea maquinas verticales y horizontales
- Alinea ejes acoplados y desacoplados
- Alinea trenes de hasta 6 maquinas
- Documentación compatible con normas ISO
- Muy fácil de operar
- Mide planitud (opcional)
- COMMANDER software para PC (opcional)
- Intrínsecamente seguro (opcional)

ROTALIGNPRO COMMANDER p/Windows:

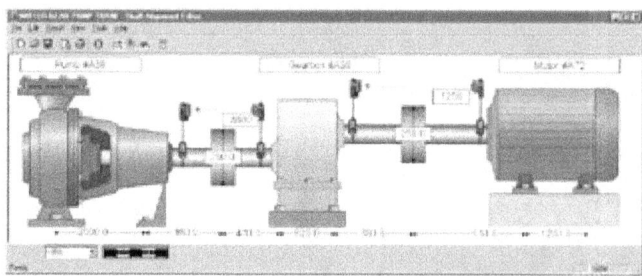

Alignment
ROTALIGN® PRO Commander ALI 3.592SET

Time-saving PC control for professional shaft alignment
INFO1011G.03.98

The new ROTALIGN® PRO Commander software saves you time by giving even more powerful customization and control of alignment jobs with the ease and convenience of Windows 95 or NT! Besides display and storage of ROTALIGN® PRO results, the Commander lets you predefine nearly every setting of the ROTALIGN® PRO computer and the characteristics of the machines to be measured.

No more hunting for misplaced files, either: machine definitions and measurement results are logically arranged according to their organization by plant, area and machine train or aggregate.

Shaft alignment files from earlier versions of the ROTALIGN® Commander can be imported for further use.

- Set up alignment jobs in advance
- Organized by plant / area / train
- Define machine templates
- Define tolerance tables
- Entire machine trains in a single file
- Set desired instrument configuration
- View alignment results
- Optimize alignment corrections
- Straightness, soft foot support
- Windows 95/NT = easy operation

File handling with ROTALIGN® PRO Commander:
clear organization with drag-and-drop convenience
The shaft alignment editor: Define all aspects of entire machine trains – in advance, from the comfort of your office desktop!

Order information
ROTALIGN® PRO Commander ALI 3.592SET includes: Operating instructions ALI 9.647G
File Commander registration card ALI 3.531
PC cable, 2 m / 6' 6" SYS 2.711-2
Cable adapter (25F-9M) ALI 3.264

Productive maintenance technology
PRÜFTECHNIK AG
P.O. Box 12 63
D-85730 Ismaning, Germany
Phone: (+49) 89 99 61 60
Fax: (+49) 89 99 61 62 00
http://www.pruftechnik.com

ESTUDIO DE MANTENIMIENTO PREDICTIVO EN UN BUQUE DE GUERRA
DOTADO DE S.I.C.P.

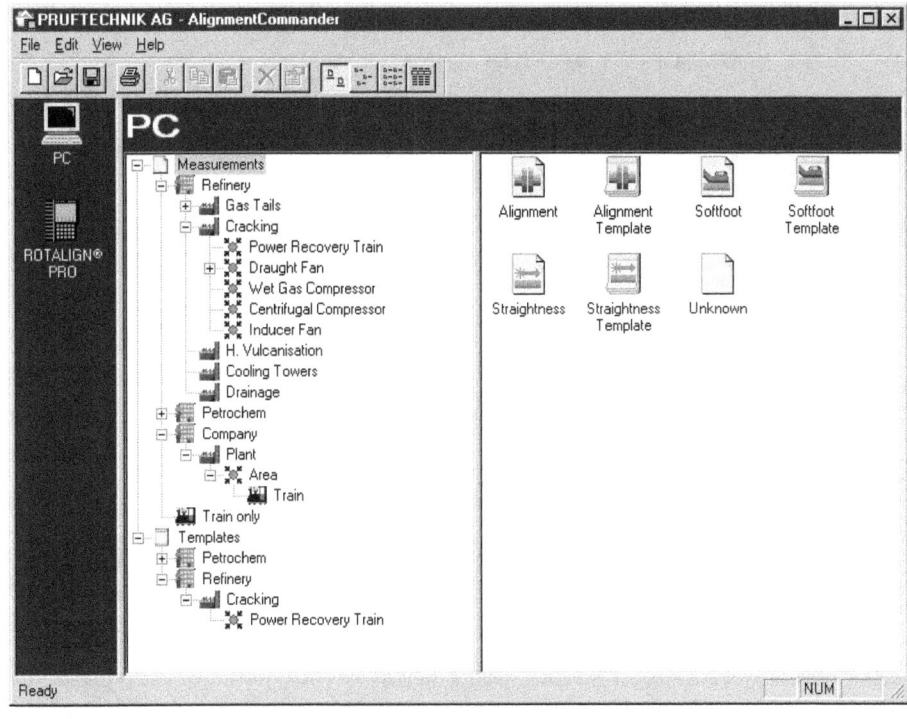

5. PRESUPUESTO

5.1 FORMACIÓN Y ADIESTRAMIENTO

Las tareas tradicionales de mantenimiento que realiza el Servicio de Máquinas en los diferentes buques de guerra tienen una doble naturaleza:
- Mecánica.
- Eléctrica / Electrónica.

Las primeras consisten fundamentalmente en desmontar máquinas total o parcialmente, limpiezas, reposición de consumibles, sustitución de componentes deteriorados, inspecciones, etc., extendidas tanto a los propios equipos como a los elementos auxiliares que utilizan.

Las segundas se han ocupado de mantener la continuidad en el servicio eléctrico a los equipos que utilizan esta fuente de energía necesaria para el funcionamiento integral del buque (cuadros, paneles de control, armarios, instrumentos, relés, sistemas y dispositivos de accionamiento eléctrico, etc.) mediante inspecciones, reparaciones, sustitución de elementos, chequeos, etc., así como el mantenimiento de los componentes electrónicos que en la actualidad lleva cualquier sistema importante de la plataforma.

Estas tareas tradicionales han contribuido a especializar al personal de mantenimiento en dos tipos:
- Especialistas en mantenimiento mecánico.
- Especialistas en mantenimiento eléctrico / electrónico.

Con la aparición del mantenimiento "según condición" o "por síntomas" la medida de vibraciones aparece como una tarea "híbrida", ya que, si bien tiene algo en común con las dos tareas tradicionales, lo mecánico del equipo y lo eléctrico/electrónico del aparato de medida y/o análisis, no encaja al 100% en ninguna de ellas.

Entre los factores que han motivado y motivan la lentitud en la implantación del mantenimiento predictivo, destacan los siguientes:
- Desconocimiento existente sobre el valor intrínseco de la medida periódica de vibraciones: la vibración es el mejor indicador del

"estado de salud" del equipo, y la medida sistemática de la misma, la mejor herramienta para predecir su estado de salud en el futuro, anticipándose a cualquier anomalía.
- La creencia extendida entre el personal de mantenimiento de que la medida de vibraciones requiere una profunda formación teórica sobre las mismas, lo cuál es incorrecto.

El adiestramiento del personal de mantenimiento debería orientarse a las tareas que tiene que realizar cada escalón, sin embargo con la implantación de un SMS a bordo y dada la potencia del software de mantenimiento predictivo disponible que permite realizar no sólo detección, sino análisis y diagnóstico y predicción, la formación necesaria para el personal de primer escalón pasa a ser equivalente a la formación reservada hasta ahora para personal de escalones superiores, excepto en técnicas correctivas como alineación y equilibrado y en herramientas de diagnóstico avanzado, como análisis de vibraciones multicanal y de fenómenos transitorios.

En cuanto a la formación y entrenamiento específico en el manejo del SMS, se recomienda formar un equipo de tres personas por buque, pertenecientes al Servicio de Máquinas, una de ellas perteneciente a la especialidad de Máquinas, otra a la de Electricidad, y una tercera con responsabilidad sobre el grupo y cualificación superior a las anteriores, que deberá poseer, además, conocimientos básicos de informática.

La formación de las dos personas de menor responsabilidad deberá cubrir la medida y análisis de vibraciones, análisis termográfico, análisis de aceites, máquinas eléctricas rotativas, y ultrasonidos. El responsable del grupo deberá, además, tener conocimientos de diagnóstico, instrumentación y sobre la administración del sistema SMS, incluyendo la creación y administración de la base de datos.

Asimismo, se considera conveniente una formación general de mantenimiento predictivo, que debería alcanzar a los Oficiales del Servicio.

El grupo de mantenimiento será el responsable de desarrollar el plan de mantenimiento predictivo, incluyendo las siguientes tareas:

ESTUDIO DE MANTENIMIENTO PREDICTIVO EN UN BUQUE DE GUERRA DOTADO DE S.I.C.P.

- Medida sistemática de parámetros de predictivo (rutas).
- Descarga de los datos en el software de análisis del SMS.
- Análisis de datos utilizando las herramientas software.
- Archivo de resultados y documentación.
- Realización del primer análisis que detecte aquella maquinaria que ha sobrepasado los valores de alerta establecidos.
- Transmisión de los datos al escalón de Apoyo en tierra para su análisis posterior.

En el alcance de las Ofertas presentadas está incluido el concepto de Adiestramiento y Formación del personal para la creación de las bases de datos necesarias, medida de vibraciones de campo, análisis y diagnóstico de datos obtenidos. En la Oferta de PREDITEC se incluyen, además, la formación y adiestramiento específicos en el resto de las tecnologías de mantenimiento propuestas (Nota: no está contemplado el adiestramiento en el sistema WINDROCK). Como base para ofertar estos cursos se consideró un curso de adiestramiento industrial (personal del Astillero) y después un curso para formación de la tripulación del buque. Los cursos se impartirían en las instalaciones del cliente, tendrían una duración mínima de cinco días, y estarían orientados tanto para el administrador del sistema como para los operadores del mismo.

El Plan de Formación considerado por PREDITEC cubre los siguientes conceptos:

Curso de Introducción al Mantenimiento Predictivo :
- Aborda con carácter general las distintas tecnologías desarrolladas para el mantenimiento basado en la fiabilidad, describiendo su principio físico, aplicación y las leyes básicas de interpretación de datos o diagnóstico de problemas, así como la metodología de implantación del sistema.
- El problema del Mantenimiento.
- Filosofías de organización.
- Análisis de vibraciones.

- Análisis termográfico.
- Análisis de aceites.
- Máquinas eléctricas rotativas.
- Ultrasonidos.
- Implantación.
- Cursos de Formación en Análisis de Vibraciones (monocanal y avanzado –análisis multicanal -).
- Curso de Análisis de Motores AC.
- Curso de inspección Termográfica por Infrarrojos.
- Cursos de Equilibrado y Alineación. (En principio, consideramos que serían aplicables a personal de mantenimiento de tercer escalón).
- Formación en operación y administración del SMS:
    1. Bases de datos.
    2. Rutas de medida.
    3. Análisis de vibraciones en tiempo real.
    4. Ayudas al diagnóstico.
    5. Edición de informes.
    6. Funciones avanzadas.
    7. Verificación dinámica de vibraciones e interpretación de la línea base.
    8. Ajuste de niveles de alarma.
    9. Integración con el SICP.

Se considera que este programa de formación cubriría todas las necesidades, aunque sería necesario presentar un programa detallado de los cursos y establecer claramente la duración de los mismos y número de asistentes, con objeto de concretar los gastos de desplazamiento, una vez que se concreten los sistemas adquiridos y el Programa final de Implementación a bordo.

En cualquier caso, conviene señalar que PREDITEC dispone de Programas de Formación en Técnicas Predictivas adaptados a las necesidades del cliente, en cada momento, y también de una programación anual de cursos estándar.

5.2 ESTIMACIÓN DEL COSTE Y PLAN DE IMPLANTACIÓN DEL SISTEMA

El carácter de este Presupuesto es estimativo, pudiendo sufrir variaciones dependiendo del alcance final que se concrete. Los precios están basados en ofertas válidas para el año 2002 y existen conceptos sujetos a la paridad dólar/euro. El presupuesto contempla la configuración hardware y software propuesta en el Capítulo 2.

5.2.1 PRESUPUESTO PARA LA ADQUISICIÓN DE HARDWARE Y SOFTWARE

1. El presupuesto para la adquisición de hardware a bordo es el siguiente:

ITEM	CANTIDAD	PRECIO UNITARIO (PTS)	PRECIO TOTAL (PTS)	PRECIO TOTAL (EUROS)
Analizador CSI 2120	1	2.850.000	2.850.000	17.129
Acelerómetros de alta y baja frecuencia	1	230.000	230.000	1.382
Actualización de CSI 2120 a 2 canales y paquete "Advanced Análisis"	1	1.315.000	1.315.000	7.903
Accesorios para control motores eléctricos	1	430.000	430.000	2.584
Unidad inteligente MOTORSTATUS	2	271.000	542.000	3.257
Adaptador infrarrojos para 2120	1	45.000	45.000	270
Cámara de infrarrojos	1	9.000.000	9.000.000	54.091
Analizador CSI OilView	1	1.700.000	1.700.000	10.217
Detector ultrasónico SONISCAN	1	950.000	950.000	5.710
Megger	1			Pertrecho
Boroscopio	1			Herramie. Especial
TOTAL HARDWARE			17.062.000	102.543

Total Hardware a Bordo, configuración máxima: **102.543 euros (17.062.000 pts)**

2. El presupuesto para la adquisición de hardware para la Base es el siguiente:

		PRECIO	PRECIO	PRECIO

ESTUDIO DE MANTENIMIENTO PREDICTIVO EN UN BUQUE DE GUERRA DOTADO DE S.I.C.P.

ITEM	CANTIDAD	UNITARIO (PTS)	TOTAL (PTS)	TOTAL (EUROS)
Tacómetro de infrarrojos CSI	1	137.000	137.000	823
Alineador Láser	1	1.985.000	1.985.000	11.930
TOTAL HARDWARE			**2.122.000**	**12.753**

Total Hardware en la Base, configuración máxima: **12.573 euros (2.122.000 pts)**

3. El presupuesto para la adquisición de software comercial es el siguiente:

ITEM	CANTIDAD	PRECIO UNITARIO (PTS)	PRECIO TOTAL (PTS)	PRECIO TOTAL (EUROS)
Licencia Software RBMware con Vibview	2 (*)	5.415.000	10.830.000	65.090
Sistema Experto	2 (*)	1.235.000	2.470.000	14.845
Software MotorView	2 (*)	1.900.000	3.800.000	22.838
Software STATUS REPORT	2 (*)	147.000	294.000	1.767
Software OilView Minilab	2 (*)	635.000	1.270.000	7.633
Software Infranalysis	2 (*)	1.300.000	2.600.000	15.626
Software SonicView	2 (*)	530.000	1.060.000	6.371
Software ULTRAMGR para equilibrado y alineación	2 (*)	104.500	209.000	1.256
Programa de Equilibrado FAST BAL II	1(**)	316.350	632.700	1.901
TOTAL SOFTWARE			**22.849.350**	**137.327**

Total Software RBMware™, configuración máxima: **137.327 euros (22.849.350 pts)**

(*) Son dos licencias porque se considera una para la base de la escuadrilla.

(**) Sólo se considera necesario en la base.

4. El presupuesto para el desarrollo de nuevo software en el SICP es el siguiente:

- Programación de "Características de Funcionamiento" y "Fallos de la Condición".

- Experto de alarmas "on line" de "Fallos de Condición" de funciones de los datos on line del SICP.
- Experto de análisis "off-line" de "Características de Funcionamiento" a partir de los datos históricos recogidos por el SICP.

Total Desarrollo Software SICP: **90.152 euros (15.000.000 pts)**

5. El presupuesto para la adquisición de hardware y software de Análisis de Máquinas Alternativas es el siguiente:

OPCIÓN SISTEMA WINDROCK (presupuesto aproximado de referencia)

ITEM	CANTIDAD	PRECIO UNITARIO (PTS)	PRECIO TOTAL (PTS)	PRECIO TOTAL (EUROS)
Analizador A6310 con configuración máxima de sensores y sondas	1	11.370.000	11.370.000	68.335
Kit Encoder para eje	1	765.000	765.000	4.598
Software Win6310-Licencia 1 usuario	1	1.048.000	1.048.000	6.299
TOTAL			13.183.000	79.232

Total : configuración máxima: **79.232 euros (13.183.000 pts)**

OPCIÓN MÓDULO SOFTWARE SICP + ESTROBOSCOPIO

ITEM	CANTIDAD	PRECIO UNITARIO (PTS)	PRECIO TOTAL (PTS)	PRECIO TOTAL (EUROS)
Estroboscopio Tacométrico	1	685.000	685.000	4.117
Software análisis cilindros	1	1.000.000	1.000.000	6.010
TOTAL			1.685.000	10.127

Total : **10.127 euros (1.685.000 pts)**

5.2.2 PRESUPUESTO DEL DESARROLLO DEL INTERFACE CON EL SICP

El presupuesto estimado por la empresa de Sistemas de Control para el desarrollo del interfaz entre RBMware™ y el SICP es de:

Total : **48.081 euros (8.000.000 pts)**

5.2.3 PRESUPUESTO PARA FORMACIÓN Y ADIESTRAMIENTO DEL PERSONAL

Se toman como precios de referencia "6.010 euros" (1 millón de pesetas) por curso de cinco días, y "3.606 euros" (600.000 pts) por curso de tres días, en las instalaciones del Astillero o del cliente, con viajes y gastos incluidos.

El programa de formación habrá que ajustarlo una vez que se decida el alcance final de suministro y se programen definitivamente todas las actividades después de cursar los pedidos correspondientes. Para estimar el presupuesto para formación y adiestramiento se toma como base el siguiente programa:

- Un curso de cinco días orientado a operadores.
- Un curso de cinco días orientado a administradores.
- Un curso de cinco días dedicado a adiestramiento industrial.
- Tres cursos de tres días dedicados a las ampliaciones.

Esto supone un total de unos **30.051 euros (5.000.000 pts)**.

5.2.4 PRESUPUESTO PARA LA IMPLANTACIÓN DEL SISTEMA

1. El presupuesto estimado para la Ingeniería de Implantación del sistema es el siguiente:

Total : **288.486 euros (48.000.000 pts)**

Incluyendo ingeniería de *Sistemas de Control* y *Preditec*. Se incluyen tres reuniones de seguimiento del programa, de tres días de duración.

2. El presupuesto estimado para la Instalación y puesta en marcha del sistema, sin incluir los costes de instalación del Astillero, es de 4 Mpts,

Total: **24.040 euros (4.000.000 pts)**

3. El presupuesto estimado para los costes soportados por el Astillero para la instalación del sistema es de 7 Mpts,

Total: **42.071 euros (7.000.000 pts)**

4. Gestión técnica para la supervisión y coordinación de la implantación del SMS en el buque:

ESTUDIO DE MANTENIMIENTO PREDICTIVO EN UN BUQUE DE GUERRA DOTADO DE S.I.C.P.

Total: **30.051 euros (5.000.000 pts)**

Estos costes incluyen los gastos de instalación de sensores y recursos de apoyo necesarios por parte del Astillero para soportar esta implantación y se han estimado suponiendo un total de unos 1000 puntos de medida e incluyen la adquisición y montaje de los zócalos (el precio de cada zócalo es de unos doce euros). Se supone que no se necesitan días de salida a la mar específicos para las pruebas del SMS y que la recogida de datos durante pruebas no interferirá con las pruebas propias del buque.

5.2.5 PRESUPUESTO ESTIMADO PARA LA ADQUISICIÓN E IMPLANTACIÓN DEL SMS

Con los presupuestos parciales de los puntos anteriores, se obtienen los siguientes costes de referencia:

1. Adquisición Hardware y Software: 432.136 euros (71.901.350 pts)
2. Interfaz con el SICP: 48.081 euros (8.000.000 pts)
3. Formación y Adiestramiento: 30.051 euros (5.000.000 pts)
4. Implantación del Sistema: 384.648 euros (64.000.000 pts)

PRESUPUESTO TOTAL : 894.916 euros (148.901.490 pts)

5.3. CONCLUSIONES

Como resultado del análisis de viabilidad efectuado se han obtenido las siguientes conclusiones:

ESTUDIO DE MANTENIMIENTO PREDICTIVO EN UN BUQUE DE GUERRA DOTADO DE S.I.C.P.

a) El SMS consiste en la realización de acciones de mantenimiento para obtener datos del sistema o equipo, cuando la tecnología permite determinar y conocer la tendencia de la condición de la maquinaria a través del análisis de los datos en lugar de abrir e inspeccionar. De esta forma, el Mantenimiento Predictivo proporciona un método que modifica significativamente la aplicación de una manera más efectiva del Mantenimiento Preventivo. La idea que existe detrás de este concepto es que una máquina problemática dará alguna señal de aviso temprana, y que se puede medir que está comenzando a producirse uno de sus modos de fallo inherentes. Estas señales (por ejemplo, vibración, temperatura, presencia de partículas de desgaste, etc) pueden ser medidas, analizadas sus tendencias, y ligadas a un modo de fallo particular, con el objeto de ser utilizadas para determinar el comienzo de ciertos modos de fallo.

b) El análisis de vibraciones es la herramienta básica en la que se fundamenta el mantenimiento predictivo. Se basa en los siguientes principios:
- Toda máquina cuando funciona correctamente, tiene un cierto nivel de vibraciones y ruidos, debido a los pequeños defectos de fabricación. Esto podría considerarse como el "estado básico" o "Nivel Base" característico de esta máquina y de su funcionamiento satisfactorio.
- Cualquier defecto de una máquina, incluso en fase incipiente, lleva asociado un incremento del nivel de vibración perfectamente detectable mediante una medición.
- Cada defecto, aún en fase incipiente, lleva asociados unos cambios específicos en las vibraciones, que produce espectros o *Firma Característica*, lo cual permite su identificación.

c) El sensor, denominado también en ocasiones captador, es el dispositivo mecánico que permite la conversión de un parámetro físico en una señal eléctrica representativa del desplazamiento, velocidad o aceleración. Los más habituales son el acelerómetro, captador de velocidad, captador de desplazamiento, captador de Presión, captador de Fuerza y captador de Temperatura.

d) El colector es el dispositivo que realiza el análisis y tratamiento de la señal y el diagnóstico. Dependiendo del modelo de que se trate, su configuración y características son muy variadas.

e) En las explicaciones teóricas para la representación de los parámetros fijos, se toman curvas simples o de tonos puros caracterizadas por contener una sola frecuencia de vibración. No obstante la realidad es muy distinta y se dan formas de onda muy complejas, formadas por multitud de frecuencias periódicas y transitorias.

f) Se denomina "1x" a la frecuencia o línea espectral que corresponde al régimen de revoluciones del rotor de la máquina. Es igual a "RPM / 60" si se expresa en Hz. También se le denomina fundamental del rotor, si es ésta la que se fija como referencia.

g) Los armónicos son frecuencias que son múltiplo exacto de otra frecuencia denominada fundamental, ésta a su vez es el Armónico Nº 1 o "1x". Se numeran como 1x, 2x, 3x, 4x, ... , etc.

h) El Mantenimiento Predictivo puede reducir los costes globales de mantenimiento en cerca de un 30%, aumentar la disponibilidad del equipo de un 2-40 %, aumentar la seguridad, y reducir el consumo de energía en cerca de un 10%.

i) Las tecnologías de mantenimiento predictivo incluyen, pero no están limitadas a:
- Análisis de Vibraciones.
- Termografía.
- Espectrografía de líquidos refrigerantes y lubricantes.
- Ferrografía.
- Ultrasonidos. Detección de Fugas por Ultrasonidos.

- Boroscopía y fotografía por fibra óptica.
- Análisis de tendencia de datos de proceso y de costes.
- Técnicas de alineación láser.

j) Existen algunos equipos que, por condiciones operativas o por probabilidades de fallo no son susceptibles de ser sometidos a un mantenimiento por síntomas. Para otros, la utilización de este sistema si por un lado supone un ahorro (optimización de todo el proceso debido a la reducción de tareas de mantenimiento a bordo, reducción del stock de repuestos y alargamiento del ciclo de vida de los equipos), por otro incurre en una serie de costes que implican el hecho de que no será económicamente factible, ni provechoso. Por ello, a pesar de la gran utilidad y los buenos resultados que con un SMS se pueden obtener, es necesario constatar el hecho de que un sistema de la complejidad de una Fragata no podrá mantenerse exclusivamente por este procedimiento y serán necesarios un mantenimiento programado y un mantenimiento predictivo solapados entre sí.

k) El resultado del RCM es determinar cuál de las tres estrategias de mantenimiento es más aplicable. Estas tres son:
- Reparar cuando se avería (Fix-when-fail).
- Mantenimiento según condición (Condition Based Maintenance).
- Mantenimiento periódico (Time Based Maintenance).

l) La política actual aplicada a buques de guerra establece que el mantenimiento de equipos y sistemas, de buques en servicio, sea revisado y modificado para incorporar los principios del RCM en áreas donde los resultados esperados deban ser proporcionales a los costes asociados.

m) Una vez elaborada una lista de equipos a los que será aplicable el mantenimiento predictivo se determinarán los puntos de medida en cada equipo según el criterio siguiente:
- Se tomarán lecturas en cada apoyo de eje o maquinaria en dirección radial (horizontal o vertical), perpendicular al eje de giro.

- Se realizará una medición mínima por apoyo en dirección radial (direcciones horizontal y vertical), y otra medición en sentido axial por eje que porte la máquina.
- En cada punto de medida se colocarán con adhesivo metal-metal unos discos metálicos con una tapa de plástico protectora. La localización de los puntos para colocación de los discos metálicos se hará preferentemente en las cajeras de los cojinetes.

n) Una vez seleccionados los puntos, se realizarán dos mediciones en cada punto, una en el rango de 0-500Hz (0-30.000 RPM), y la otra en el rango de 0-5000Hz (0-300.000 RPM), al objeto de dividir el análisis en altas y bajas frecuencias.

o) Existe el software y hardware comercial capaz de integrar todas las tecnologías de mantenimiento predictivo que se consideran de aplicación a bordo de un buque de guerra y es posible su integración con el SICP.

p) Algunas de las técnicas predictivas que se han analizado en este estudio ya se están aplicando actualmente en buques de guerra españoles.

q) La solución presentada por PREDITEC ha sido considerada como la más adecuada, debido a que integra todas las tecnologías, es compatible con el equipamiento y software actualmente utilizado por los buques de guerra, y permite la potenciación e integración con el sistema SICP. El presupuesto estimado se ha desarrollado en profundidad de acuerdo con esta solución.

r) Se ha considerado un Sistema de Mantenimiento por Síntomas que integra:
- Las prestaciones del SICP.
- Las herramientas hardware y software de PREDITEC.

- Nuevas funciones a desarrollar en el SICP.

s) De esta manera se construiría un sistema experto que utilizase la experiencia de PREDITEC en las actividades que requieren una alta especialización, muy ligada a los equipos de toma de datos, y que no interfieren con los procesos de control y vigilancia del SICP, por utilizar datos "off-line", y que se enumeran a continuación:
- Análisis de Vibraciones
- Análisis de Motores Eléctricos
- Análisis de Aceites
- Termografía
- Ultrasonidos
- Alineación Láser
- Equilibrado Dinámico
- Análisis de Motores Diesel

El SICP utilizaría sus propios programas existentes actualmente y se incorporarían nuevos programas que permitirían el análisis de la condición de los parámetros de proceso según reglas expertas adaptadas a las máquinas base de la oferta.

t) Para finalizar remarcar que el personal de los escalones de apoyo en tierra debe participar activamente en el programa de implantación de este sistema, teniendo en cuenta que ya debería poseer experiencia en alguna de las técnicas propuestas y podría encargarse de la formación y adiestramiento de las futuras dotaciones.

5.4 SIGLAS Y ABREVIATURAS

CBMS : Condition Based Maintenance System.

CDS : Configuration Data Set.

CMMS : Computerized Maintenance Management Systems.

CRIS : Common Relational Information Schema.

ICAS : Integrated Condition Assessment System.

IMCS : Integrated Monitoring and Control System.

MHM : Machinery Health Monitoring.

MIMOSA : Machinery Information Management Open Systems Alliance.

PCMS : Platform Control and Monitoring System.

PdM : Predictive Maintenance.

PECAL : Publicaciones Españolas de Calidad.

RBM : Reliability Based Maintenance.

SDR : System Design Review.

SICP : Sistema Integrado de Control de Plataforma.

SMBC : Sistema de Mantenimiento Basado en la Condición.

SMS : Sistema de Mantenimiento por Síntomas.

REFERENCIAS BIBLIOGRÁFICAS

1. BRÜEL & KJAER, *Machine-Health Monitoring,* Bruel-Kjaer, 1984.

2. CASTIÑEIRAS RUIZ J., *Manual Análisis Vibraciones*, Armada (Jefat. Industrial), 2000.

3. C.S.I., *Reliability-Based Maintenance*, Csi, 1997.

4. GÓMEZ DE LEÓN F., *Tecnología del mantenimiento industrial*, Universidad de Murcia, 1998.

5. HURTADO A., *Datos de vibración triaxiales*, Predycsa, 1999.

6. E.S.ING.NAVARRA, *Mantenimiento*, Univ.de Navarra, 2002.

7. IDEAR, *Mantenimiento predictivo multiparámetro*, Idear, 1998.

8. MINISDEF (ARMADA), *Mantenimiento por síntomas*, Jefat.industrial, 2000.

9. NEWLAND, D.E., *Vibraciones aleatorias y análisis espectral*, AC.Madrid, 1983.

10. PREDITEC, *Curso de introducción al análisis de vibraciones*, Preditec, 2002.

11. PREDITÉCNICO, *Boletín nº 8 (Sept/97) informativo de técnicas predictivas e instrumentación*, Preditec, 1997.

12. PREDITÉCNICO, *Boletín nº 4 (Abril/98) informativo de técnicas predictivas e instrumentación*, Preditec, 1998.

13. PREDITÉCNICO, *Boletín nº 10 (Dic/98) informativo de técnicas predictivas e instrumentación*, Preditec, 1998.

14. PREDITÉCNICO, *Boletín nº 6 (Dic/99) informativo de técnicas predictivas e instrumentación,* Preditec, 1998.

15. PREDITÉCNICO, *Boletín nº12 (Nov/00) informativo de técnicas predictivas e instrumentación,* Preditec, 1998.

16. SKF, *Manual de mantenimiento de rodamientos,* Skf, 1992.

www.ingramcontent.com/pod-product-compliance
Lightning Source LLC
Chambersburg PA
CBHW071723170526
45165CB00005B/2128